COURSE HUMORISTIQUE

AUTOUR DU MONDE

INDES, CHINE, JAPON

Cᵀᴱ DE GABRIAC

COURSE HUMORISTIQUE

AUTOUR DU MONDE

INDES CHINE, JAPON

ILLUSTRÉE DE HUIT GRAVURES SUR BOIS

PARIS

MICHEL LÉVY FRÈRES, ÉDITEURS

RUE-AUBER, 3, ET BOULEVARD DES ITALIENS, 15

A LA LIBRAIRIE NOUVELLE

1872

A S. M. I. LE SULTAN ABD-UL-AZIZ

SIRE,

Ayant été assez heureux pour parcourir plusieurs fois
l'Asie, je me permets de dédier la relation de mes voyages
à Votre Majesté Impériale, espérant rendre hommage à tout
l'Orient dans la personne de son glorieux représentant.

Je suis, Sire, de Votre Majesté Impériale
le plus dévoué serviteur,

Cte de GABRIAC.

TABLE DES CHAPITRES

—

CHAPITRE PREMIER

Parallèle assez ennuyeux entre l'Amérique du Sud et l'Asie. — Messine. — Ce que l'imagination d'un Gascon peut faire d'un moulin à vent. — Alexandrie. — Idées extrêmement poétiques sur les délices de l'Orient interrompues par un panier d'épluchures. — Heureusement que l'on vole son administration. — Le canal de Suez. — Mer Rouge. — Attitudes hétéroclites des passagers pendant la nuit. — Aden. — Ses chrysalides et ses femelles féroces. — Somâlis échevelés. — Bain de charbon.

Le tour du monde est devenu aujourd'hui un des voyages les plus aisés, grâce aux magnifiques bateaux à vapeur qui sillonnent le globe. Autant je suis fier des difficultés que j'ai eu à vaincre en traversant les Cordillières et les forêts vierges de l'Amérique du Sud, autant je le suis peu de la placidité bourgeoise de mon voyage autour du monde. En revanche, j'ai visité cette fois des peuples mille fois plus intéressants à tous les points de vue.

Ainsi qu'on a pu le voir dans mon précédent ouvrage, on ne rencontre plus guère dans l'Amérique méridionale qu'une civilisation bâtarde, importée par les Espagnols et qui n'a de curieux que l'excès même de sa médiocrité. Il faut aller bien loin dans l'intérieur du continent pour

1

trouver quelques sauvages vraiment originaux et offrant un cachet particulier. La merveilleuse végétation des forêts qui couvrent tout l'immense bassin de l'Amazone est certes une des plus belles choses de la création, mais il ne faut rien chercher au-delà. En Asie, au contraire, la terre est desséchée, car elle a produit tout ce qu'elle pouvait donner. Depuis longtemps, les vieux arbres sont tombés et le pays semble aride et désert, mais les peuples qui l'habitent sont pleins de couleur locale et offrent le tableau des mœurs les plus bizarres et les plus variées.

Séduit par la poétique perspective sous laquelle l'extrême Orient se présentait à mon imagination, je résolus d'aller le visiter, et le 9 octobre 1868, je partais en compagnie de mon beau-frère, M. Phalen.

Le train que nous voulions prendre étant le dernier qui pût nous conduire à temps pour le départ du bateau, il nous importait extrêmement de ne pas le manquer ; aussi notre fiacre allait-il de plus en plus doucement. Charrettes, voitures des pompes funèbres, défilés militaires, rues barrées, enchevêtrement d'omnibus, rien ne manqua sur notre route.

Au moment où nous approchions de la gare, un énorme chariot se plaça en travers de notre véhicule et barra complétement la rue. Alors notre cocher interpella l'autre en hurlant sans aucune préparation oratoire :

« Mille millions de rosses ! comment voulez-vous que je passe ?

— Passez dessous, » répondit l'homme au chariot, d'une voix sépulcrale.

Ce mot me fit rêver, comme dirait le *Figaro*, et bientôt nous arrivions dans la salle d'attente, aussi chargés et non moins essoufflés que la famille de M. Périchon.

Le 10, nous nous embarquions à Marseille sur un paquebot de la Compagnie Péninsulaire et Orientale, ceux des Messageries impériales ne faisant pas, à notre grand regret, le service de Bombay.

Il est incontestable que si la marine anglaise est la première du monde, les paquebots affectés au service des voyageurs sont intérieurement moins bien aménagés que les nôtres. Celui qui nous conduisait en Égypte était encombré d'une masse énorme de personnes et l'on y était tout particulièrement mal traité. Dans les cabines, impossible de se faire servir par les domestiques, et, à table, on était si serré qu'il fallait manger de profil; bien heureux de tomber sur un lambeau de viande plus ou moins dur et toujours froid.

Dans le courant du troisième jour, nous passâmes victorieusement entre Charybde et Scylla. Tout le monde était sur le pont pour admirer le charmant panorama que présentait Messine, gracieusement assise à l'horizon sur des collines boisées.

Comme j'avais visité cette ville en revenant de Jérusalem, j'en fis la description à un brave Gascon qui venait de quitter, pour la première fois, les rives de la Garonne et qui ne savait où il était. Aussi m'inspira-t-il une véritable admiration, lorsqu'un instant après je le retrouvai pérorant au milieu d'une foule ébahie, à laquelle il expliquait avec amplification tout ce que je venais de lui apprendre.

« Voici le phare, » disait-il, en montrant un moulin à vent.

« L'église que vous voyez là-bas est la cathédrale, » et il indiquait une vieille caserne.

En vérité, on est heureux de posséder un pareil aplomb

et je suis sûr que mon Gascon finira par se persuader
lui-même qu'il connaît Messine.

La traversée des Indes, quoique fort longue, n'est pas
trop pénible, grâce aux escales intéressantes que l'on
fait toutes les semaines : d'abord en Égypte, puis à Aden,
Pointe-de-Galles, etc.

Aujourd'hui l'Égypte est si connue, que je crois
inutile d'en parler longuement. D'ailleurs, dans ce
voyage, mon intention étant de visiter spécialement
l'Inde, je ne me suis arrêté que peu de temps à Alexandrie. Assez cependant pour refaire la promenade classique de la colonne de Pompée et revoir le bazar extra-
pittoresque de la ville arabe.

C'est un spectacle toujours nouveau qu'offrent ces
ruelles étroites aimées du musulman, ce fouillis insensé
d'échoppes artistiques jusqu'à l'absurde, ces maisons
garnies de *moucharabis* finement sculptés, et ces marchands drapés dans leurs guenilles comme feu la reine
Cléopâtre pouvait l'être dans ses vêtements brochés de
perles.

Des enfants gambadent tout nus dans la boue. Des
femmes voilées glissent comme des ombres ou trottent
sur de petits ânes, tandis que le vent gonfle leurs légers
burnous noirs. Quelques juives étalent leurs magnifiques
costumes brodés d'or, et des *saïs* courent pour écarter la
foule à coups de bâton, en criant *wardah!* sur le passage de leurs maîtres, seigneurs d'un plus ou moins grand
nombre de balles de coton. De petits âniers poursuivent
leurs bêtes, les arroseurs portent de l'eau dans de noires
peaux de bouc et inondent les passants. Enfin, tous de-
mandent un *bachich* aux étrangers.

On rencontre aussi parfois des femmes vêtues de longues robes bleues foncées, à la démarche fière et noble,

taillées comme des statues antiques, — ce sont des
Cophtes, seuls descendants des anciens Égyptiens. Leurs
traits sont absolument semblables à ceux que l'on trouve
reproduits par les peintures des anciens sarcophages et
les bas-reliefs des monuments de Thèbes. Quant aux
Francs, Grecs et autres gueux qui n'ont d'Européen que
la redingote, ils jouissent d'une si médiocre réputation,
que le mieux est de n'en point parler. En somme, Alexandrie renferme de vrais sauvages et des gens doux, bien-
veillants et dociles ; seulement les sauvages sont les Européens et les autres sont les Arabes.

Toutefois, c'est au Caire qu'il faut aller voir l'Égypte
moderne dans sa splendeur, car le quartier arabe
d'Alexandrie n'est pas très-étendu et le reste de la ville
devient de plus en plus cosmopolite. Pour être à la fois
arabe, égyptien et européen, il n'est ni arabe, ni égyptien, ni européen.

Au retour de notre promenade, le ciel était pur et le
soleil ne faisant plus qu'un faible angle avec l'horizon,
donnait une lumière douce et orangée détachant gracieusement les minarets et les coupoles des mosquées les
plus éloignées. Je croyais revoir Jérusalem dans le lointain, puis je rêvais aux forêts embaumées de Jaffa et aux
délices de l'Orient, lorsque tout à coup, en traversant un
égoût décoré du nom de rue, je fus rappelé à la vie réelle
par un énorme panier d'épluchures qui me tomba sur la
tête ou plutôt, fort heureusement, sur mon vaste chapeau
de paille. Mon premier mouvement fut de chercher mon
revolver, car j'aurais éprouvé une véritable satisfaction à
tirer dans la fenêtre d'où venait cette averse, mais comme
on oublie toujours cette arme les jours où l'on en a
besoin, je ne la trouvai point et finis par me consoler.

Bientôt après ce triste événement, nous traversions en

chemin de fer le désert pierreux de Suez, qui offre une antithèse très-vive. On ne peut, en effet, s'empêcher d'être frappé en voyant ce merveilleux produit de la civilisation au milieu des plaines sauvages de l'Afrique.

On a ouvert depuis peu, entre Alexandrie et Suez, une ligne directe où le service est bien organisé, mais il n'en est pas de même pour celle qui va du Caire à Suez. En 1864, lorsque je la parcourus pour la première fois, on mettait six heures pour faire le trajet, et l'on ne trouvait aux stations que la poésie du désert et du fromage abandonné par les rats. Avertis que le départ se ferait à huit heures du matin, nous nous levâmes à des heures indues, mais à midi nous étions encore en gare. Je me souviens que cette excursion aurait été très-monotone sans un voyageur dont l'outrecuidance nous divertit fort. Par une chaleur de quarante degrés, il avait un costume de velours, un gilet de soie et un mouchoir de dentelles. Cet individu, étendu tout de son long dans notre compartiment, ne cessait de nous entretenir de ses hauts faits, et nous le prenions déjà pour un grand personnage ou pour son domestique, lorsqu'il nous déclara subitement qu'il était employé du chemin de fer. « Je reçois, disait-il, 400 francs par mois, mais je suis assujetti à un travail bien pénible — figurez-vous que je suis obligé d'aller deux fois par semaine du Caire à Suez ! Ces appointements sont ridicules. Il est vrai qu'ici personne n'est assez naïf pour prendre son billet au bureau; on s'adresse directement à moi, je le donne à moitié prix et je mets l'argent dans ma poche; de la sorte, tout le monde est content. »

Après ce discours, cet honnête employé se mit en devoir de faire sa fameuse tournée de billets, et pour ne pas compromettre la magnificence de son costume, il se déshabilla complètement, séance tenante, mit une veste de toile et sortit par la fenêtre.

Suez est un village du plus grand avenir, mais qui n'offre encore rien de remarquable par lui-même. Tout l'intérêt de cet endroit réside dans la superbe entreprise de M. de Lesseps, ce second roi d'Égypte.

La France doit être fière d'avoir produit l'homme de génie qui a entrepris et accompli cette œuvre de géant. A voir l'activité avec laquelle on pousse les travaux de l'isthme, il n'est pas douteux qu'ils ne soient terminés en 1869, ainsi qu'on l'a annoncé. Malheureusement les dépenses que l'on a été obligé de faire, forceront la Compagnie à élever beaucoup le prix des tarifs, et il est à craindre qu'un grand nombre de capitaines ne préfèrent doubler le cap de Bonne-Espérance. Rappelons-nous cette vérité si reconnue aux États-Unis : « Les entreprises fondées sur le bon marché sont celles qui produisent le plus. »

Le 17, nous nous embarquions sur le *Malta*, en partance pour Bombay. En quittant Suez, on aperçoit, sur la gauche, les contreforts du mont Sinaï, qui se détachent en rouge sur le ciel bleu. — La navigation sur la mer Rouge serait intéressante si l'excessive chaleur ne la rendait insupportable. Pendant presque tout le voyage, on aperçoit des falaises escarpées, sablonneuses et rougeâtres qui reflètent la lumière et la chaleur comme d'immenses miroirs concaves. Jamais le thermomètre ne descend au-dessous de 35 degrés, même la nuit, et parfois l'air est tellement lourd que l'on craint d'étouffer. Je n'avais jusqu'alors éprouvé cette sensation qu'au bord de la mer Morte. Dans les cabines, il était impossible de dormir ; aussi, presque tous les passagers transportaient-ils leurs matelas sur le pont, afin d'y passer la nuit un peu plus fraîchement.

Je m'empresse de dire que les femmes étaient chaste-
ment séparées par une tente des autres voyageurs, car
ceux-ci prenaient quelquefois, dans leurs rêves, les attitudes les plus variées vis-à-vis de leurs couvertures, véritables ennemis sous cette latitude, et bien des yeux auraient pu être choqués.

Avant de s'installer ainsi, on se réunissait sur la du-
nette, et l'on fumait en causant. C'était le meilleur moment de la journée. Les mâts du navire, éclairés par la
lune, se balançaient sur le ciel et portaient à la rêverie.
On admirait les lueurs phosphorescentes de la mer et l'é-
clat des étoiles en pensant à ceux que l'on aime, car il
semblait qu'il y eut de l'amour dans l'air.

Cependant les commerçants parlaient de leurs affaires,
les jeunes filles de leurs espérances ou de leurs regrets, et
les touristes de leurs itinéraires.

Souvent on faisait de la musique. Des femmes chantaient à l'unisson, Mademoiselle E..... roucoulait ses
romances anglaises sans accompagnement, et M. Tirston-
bury gémissait lamentablement de l'accordéon; et dire
qu'il y a des gens qui se noient et que ce ne sont pas
ceux-là! Enfin, chacun se sentant pris d'un sommeil irré-
sistible, s'en allait d'un pas chancelant prendre son matelas et conquérir la meilleure place possible, en évitant
presque toujours d'écraser la figure de ceux qui étaient
déjà étendus par terre.

Parmi les passagers se trouvaient M. Longfellow, fils
du célèbre poëte de ce nom. Il y était tout entier, moins
toutefois un de ses pouces et l'une de ses vertèbres qu'il a
égarés sur le champ de bataille, dans la guerre de l'Union
où il s'est distingué; ce qui ne l'empêche pas d'être un
intrépide cavalier et un chasseur émérite. Froid, mais

sûr, sérieux et intelligent, ce jeune homme offre toutes les qualités de la race américaine.

J'ai été assez heureux pour m'en faire un ami et un charmant compagnon de voyage pendant tout le temps que j'ai passé aux Indes.

Il faut sept jours pour se rendre de Suez à Aden.

Excepté l'extrême chaleur que l'on subit jour et nuit sur la mer Rouge, cette navigation est assez agréable, car on voit presque constamment la terre qui se présente par tous les angles; on rencontre une foule d'oiseaux, des poissons volants, etc.; enfin on est tenu en haleine par les précautions que l'on est obligé de prendre sans cesse pour éviter les écueils, si nombreux en ces parages.

Le détroit de Bab-el-Mandeb, que nous avons traversé par un temps superbe, est rempli de petits îlots qui se détachent admirablement sur le fond bleu de l'océan indien et rappellent la baie de Rio-de-Janeiro.

Nous n'arrivâmes que vers dix heures du soir au port d'Aden, qui est éloigné de plusieurs milles de la ville arabe, et ne renferme que des magasins de charbon et une misérable auberge de faible ressource.

On n'y trouve pas de chambres, mais seulement une salle commune, ouverte à tous les vents et qui n'en est pas moins étouffante, même pendant la nuit. Aussi, une foule de petits nègres, à l'air espiègle et à la gigantesque chevelure rouge frisée, viennent-ils harceler les voyageurs sous prétexte de les éventer avec de longues feuilles de latanier. On en a tout autour de soi, les uns s'accroupissent à vos pieds, d'autres tombent sur vous en se battant pour se mieux placer. Impossible de s'en défaire; vous en chassez cinq, il en revient dix, — il faut capituler. —

En vérité, j'aime mieux les moustiques, au moins n'est-on pas obligé de leur donner de bakchich.

Ce salon de rafraîchissement possède naturellement un billard! l'éternel, l'indispensable billard.

J'ai remarqué, en effet, que dans presque tous les ports des pays éloignés, tels que Pernambuco, Baya, le Callao, Beyrouth, etc., on trouve une auberge unique, dénuée de tout confort et de toute couleur exotique, mais garnie d'un billard. C'est là que la plupart des voyageurs passent leur temps, fumant en manches de chemise et buvant de la bière, sans plus se soucier des pays où ils se trouvent que s'ils n'existaient pas.

Ceci m'explique pourquoi il est si difficile d'obtenir le moindre renseignement sérieux d'une foule de gens, et même de marins qui ont séjourné longtemps dans les pays les plus intéressants. Ils ont bien fait le tour du monde, mais ne se sont occupés que de leurs affaires.

J'ai rencontré, dans le cours de mes voyages, des commerçants qui avaient passé dix, vingt, trente ans dans un port de l'Inde, du Brésil, de la Chine ou du Pérou, y avaient fait fortune et retournaient en Europe sans avoir seulement visité les environs ou les curiosités de l'endroit.

Quant à nous, étant loin de faire fortune en voyageant, nous laissâmes nos compagnons jouer au billard, résolus à ne pas manquer cette occasion de voir Aden. Pour cela, il s'agissait de se procurer des chevaux et un guide, ce qui n'était pas facile à cette heure avancée de la nuit.

Les indigènes sont presque tous des nègres de la côte d'Afrique, appartenant à la tribu des Somàlis. On les distingue à leur énorme chevelure rouge qui les fait ressembler à de vrais démons. Ils obtiennent ce résultat en prenant la scélérate habitude de tremper leurs cheveux dans de la chaux vive.

C'est un de ces nègres qui s'offrit pour nous escorter.

Il faisait ce soir-là un clair de lune magnifique, et le désert aride et sauvage qu'il fallait traverser prit à nos yeux des couleurs fantastiques. Le silence était profond et l'on nous avait prévenus que le pays n'était pas sûr.

Il est certain que nous étions entièrement à la merci de notre muletier, espèce de bandit dont on nous avait recommandé de nous défier et qui pouvait aisément nous entraîner dans un guet-apens ; mais il n'en fut rien et tout se passa le plus régulièrement du monde. S'il manqua cette occasion, il faut dire à sa décharge qu'il ne pouvait pas s'attendre à une pareille équipée nocturne.

Après une heure et demie de marche, nous arrivâmes aux fortifications que les Anglais ont établies au milieu d'une gorge de montagnes et entre des rochers à pic de l'aspect le plus sauvage.

Une sentinelle cria : « Qui vive ! » et, suivant le conseil qui nous avait été donné, nous répondîmes : « *English officers,* » ce qui ne manque jamais son effet et coupe court à toutes difficultés.

Bientôt après nous entrions dans la ville, qui se déroule élégamment dans la plaine.

Quelques établissements anglais se présentent d'abord, l'habitation du commandant, les casernes, etc.; mais tout est fermé et chacun dort. Nous nous promenons dans les rues — partout même silence.

Cependant, la clarté extraordinaire de la lune, cette nuit-là, nous permet de distinguer suffisamment ce qui nous entoure.

Un fouillis de petites maisons s'entassent les unes sur les autres et ne doivent guère gagner à être vues en plein soleil. Elles sont peintes à la chaux, n'ont qu'un rez-de-chaussée garni de fenêtres grillées, et ressemblent aux modestes demeures des Arabes de l'Algérie.

Les habitants y étouffent tellement qu'ils ne peuvent y dormir pendant la nuit; aussi la plupart d'entre eux sont-ils étendus par terre au milieu des rues. Enveloppés dans leurs manteaux, on pourrait les prendre pour de grosses chrysalides. Il nous fallait une attention continuelle pour éviter de les écraser.

Tout se passe ainsi à ciel ouvert, et l'on aperçoit, par-ci, par-là, des scènes de ménage on ne peut plus.... touchantes.

En flânant de la sorte, nous arrivâmes auprès d'un quartier dont l'aspect était étrange. Il était entouré de murs dont la seule ouverture était fermée par une palissade élevée qu'on ouvrit cependant en nous voyant. Nous étions dans le quartier des femmes, si toutefois l'on peut donner ce nom aux furies qui s'y trouvaient.

Des centaines de femelles grouillent avec leurs enfants dans une série de petites maisonnettes distinctes les unes des autres et donnant sur une grande place, mais elles n'ont pas le droit de dépasser l'enceinte du terrain qui leur est alloué.

Toutefois, lorsqu'un homme y pénètre, il devient en quelque sorte leur propriété; toutes se jettent sur lui. Les unes le prennent par les bras, les autres par les jambes; elles se roulent à ses pieds, le supplient de venir chez elles. Les plus grossières veulent vous y forcer à coups de poing, mettent vos vêtements en lambeaux et vous écartèleraient si chacune ne s'attaquait de préférence à votre bourse.

Le quartier d'Haymarket est un chaste couvent comparativement à celui d'Aden. Il y avait là des femmes

arabes avec leurs burnous blancs qui flottaient au vent,
des négresses, des Somâlis, des Anglaises, des Indiennes
et toutes les variétés de l'espèce. Il aurait été intéressant
de les étudier un peu plus à fond, mais leur manière
d'agir était si brutale qu'il fallut quitter la partie de crainte
de recevoir quelques mauvais coups, sans pouvoir nous
défendre.

. Depuis ce jour, l'histoire de Joseph et de son manteau
m'a paru vraisemblable.

Cependant il s'agissait de découvrir l'auberge dont on
nous avait parlé, et il ne nous fallut rien moins qu'une
heure de marche pour trouver ce hangar, où il ne restait
pas un seul hamac disponible. Nous étions donc dans la
douloureuse alternative de coucher à la belle étoile,
comme les indigènes, ou bien de retourner au paquebot
à deux heures du matin !

La crainte des opthalmies nous fit adopter ce pis-aller
et nous fîmes à nouveau la route déserte dont j'ai parlé
plus haut, mais avec moins de plaisir que la première fois.

Arrivés près de la mer, il fallut trouver un bateau
pour nous conduire à bord, ce qui ne fut pas chose aisée ;
enfin, vers trois heures et demie du matin, nous étions de
retour dans notre cabine.

Comme on faisait du charbon, on avait fermé les
hublos et sabords afin d'empêcher l'intérieur du navire
d'en être saupoudré, et je compris surtout cette nuit-là
la nécessité de cet usage.

En effet, mon compagnon, ne pouvant plus respirer,
trouva le moyen de dévisser la fenêtre de notre cabine et
se rendormit sans la refermer. Le lendemain, à notre réveil, nous nagions dans une pâte de charbon ; — nos
malles ouvertes en étaient remplies, l'eau transformée

en encre et nos livres devenus illisibles par l'introduction de cette poudre impalpable entre chaque feuillet.
C'était à se noyer de désespoir, car il est difficile de dire
l'effet d'un pareil spectacle sur un homme nerveux.

En attendant le moment du départ, une foule de *Somâlis*
vinrent autour de notre bateau pour essayer de vendre
les produits bizarres de leur industrie. Les uns présen-
taient des paniers, des éventails, des punkas et toutes
sortes d'objets nouveaux à force d'être primitifs ; d'autres
apportaient des bananes, des ananas et autres fruits tro-
picaux ; mais les plus curieux étaient les plongeurs. Tous
nageaient d'une manière merveilleuse, et se tenaient per-
pendiculairement dans l'eau pendant des heures en agitant seulement les jambes. Ils plongeaient au fond de la
mer chaque fois qu'on y jetait la plus petite pièce de monnaie, et la rapportaient toujours victorieusement entre
leurs dents, ainsi d'ailleurs que je l'avais vu faire aux
nègres des îles du Cap-Vert et aux Arabes de Beyrouth.

Ce qui était plus remarquable, c'était de les voir passer
sous la quille de notre bâtiment, et retrouver la sus-
dite pièce de l'autre côté. Toutefois, ils ne se livraient à
cette haute école que pour une pièce blanche que l'on
avait soin de leur montrer d'avance.

CHAPITRE II

Vers midi, le cri du cabestan annonça qu'on levait
l'ancre, et un moment après nous étions lancés à travers
la mer des Indes.

Nous y trouvâmes avec plaisir une chaleur beaucoup
plus modérée que dans la mer Rouge. Étendus dans de
grands fauteuils de jonc disposés sur le pont, nous lisions
huit heures par jour, et, au bout d'une semaine de navigation, nous nous arrêtions au milieu du magnifique
port de Bombay.

Aussitôt nous fûmes accostés par une foule de petites
barques montées par des nègres, des Européens, des Malais, des Chinois ou des Parsis, mais aucune ne renfermait d'Indous, leur religion leur défendant de s'aventurer
sur la mer.

Après la visite de la santé et de la police, le pont fut envahi par la foule bariolée dont je viens de parler, composée en grande partie de portefaix médaillés qui se chargèrent de transporter nos bagages à domicile, sans que nous eussions à nous en occuper. — Ce service se fait aux Indes plus régulièrement et avec plus de facilité qu'à Londres.

Quant à nous, un quart d'heure de barque au travers d'une nuée de bâtiments de toutes sortes et une demi-heure de tilbury dans les faubourgs et les jardins de Bombay, nous conduisirent à Bayculla-Hôtel qui passe pour le meilleur de la ville.

Cet établissement, fondé et soutenu par une Compagnie anglaise, est dirigé par des Parsis et servi par des Indous.

Les chambres sont de simples alcôves, placées dans une même salle, et les cloisons qui les séparent n'ont que 3 mètres de hauteur, de sorte que le plafond est commun pour tous. Le but de cet arrangement est de donner le plus d'air et de fraîcheur possible, mais il est fort incommode en ce que l'on n'est jamais chez soi. — On entend tout ce que dit le voisin, et en revanche, on ne peut pas se quereller à son aise dans son intérieur !

On ne sert personne à la carte ; mais dans une immense salle à manger une table d'hôte est préparée, matin et soir, pour une centaine de personnes.

De fort belles pièces de viande, des poulets, des œufs frits, des montagnes de riz au curry ou de pommes de terre cuites à l'eau encombrent la table ; enfin, le thé coule à flot de tous côtés, sans faire préjudice au claret et au Xérès dont tout bon Anglais ne saurait se passer.

Mes commensaux étaient presque tous des officiers de

passage ou des commerçants, gens au nez rouge, occupés de leurs affaires et parlant peu.

Derrière la table, se pressait une quantité de domestiques indous, vêtus de longues robes blanches serrées à la taille par de larges ceintures aux couleurs vives, et portant pour coiffure de vastes turbans qui leur donnait l'air le plus majestueux. Tous ces hommes se tenaient immobiles et silencieux; ils paraissaient professer un tel respect pour leurs maîtres, qu'il ne leur restait le temps de faire aucune autre chose.

En me mettant à table, je m'attendais à faire un repas homérique; mais, au bout d'un quart d'heure, voyant que l'on ne m'apportait rien, j'appelai plusieurs fois l'un de ces Indous qui finit par s'ébranler et vint se mettre derrière moi comme la statue du commandeur.

« Apportez-moi quelque chose, dis-je, il est bien temps. » Mais il répondit par un profond salamalek, et retourna reprendre son immobilité première.

Stupéfait et voyant qu'il n'y avait rien à tirer de ce gaillard-là, je m'adressai à un autre qui ne comprit pas un mot de ce que je lui disais, quoique je m'évertuasse à lui parler tour à tour anglais et indostani.

Pani ne veut pas dire pain, comme un vain peuple pourrait le supposer, mais bien eau, et *rôti* signifie pain. En ajoutant *laô* (donnez-moi), à chacun de ces substantifs, on a deux petites phrases : *pani laô* et *rôti laô*, que je recommande aux amateurs qui désirent ne pas mourir de faim aux Indes.

Cependant, cette profonde science me fut inutile dans le cas présent; car mon interlocuteur me répondit : «*Mi Bengali mi no speek indostani.* »

Un troisième fantôme m'affirma, par Vischnou, qu'il n'était là que pour passer au suivant ce qu'on lui apportait.

2

Un autre m'assura qu'il était échanson, et qu'il perdrait sa caste s'il sortait de ses fonctions. Ce ne fut qu'à la fin du repas, lorsque l'on eut tout avalé, que j'appris comment j'aurais pu dîner. En effet, à défaut de plats, j'entamai..... la conversation avec mon voisin (naturaliste dévoué qui se rendait à la Nouvelle-Zélande afin d'y étudier certaines souris d'une espèce particulière). Cet honnête homme, étant dûment repu, m'ouvrit son cœur, et je fus édifié sur les usages de l'endroit.

Les personnages dont je viens de parler sont bien les domestiques de l'hôtel, mais ils ne se considèrent pas comme tenus de faire le service des personnes qui s'y trouvent. Si donc l'on ne veut pas éprouver le supplice de Tantale, il faut avoir un homme à soi qui ne vous quitte pas et va chercher les choses dont vous avez besoin au fur et à mesure que vous les lui demandez.

Chose caractéristique : dans toutes les salles à manger de l'Inde, on remarque un *punka*, espèce d'éventail rectangulaire, suspendu au plafond dans toute la longueur de l'appartement, et qu'un petit moricaud agite sans cesse au moyen d'une corde. Les uns sont en toile élégamment ruchée ou garnis de dentelles; d'autres sont tout bonnement en feuilles nattées; mais tous répandent une fraîcheur dont on ne saurait se passer un seul instant.

Du matin au soir on entend à Bayculla-Hôtel des détonations étourdissantes; il n'en faudrait pas tant à Paris pour faire croire à une révolution. Mais ce ne sont pas des coups de revolver qui font ce tapage; il s'agit de simples bouteilles de sodas ou de limonade bouchées à la vapeur, dont on verse le contenu dans de grands verres à moitié remplis de glace. On ne saurait se figurer la quantité de cette rafraîchissante boisson qui se consomme dans l'Inde. On ne peut faire un pas, entrer dans une maison ou l'approcher sans qu'un petit garçon armé d'une fiole et de son bouchon menaçant, ne se présente en glapissant : « *Bilati pani sâb — bilati pani,* » c'est-à-dire : eau d'Angleterre, seigneur — eau d'Angleterre. Ce qui fait le principal mérite de ces sodas, c'est la glace qu'on y ajoute, car elle rend la vie par la chaleur accablante qui vous étouffe jour et nuit sous ce climat meurtrier. En aucun pays la glace ne se rencontre en telle profusion; elle arrive par mer des Etats-Unis en si grande quantité qu'on la donne pour rien dans les hôtels. — Puisque je suis sur le chapitre intéressant de la gastronomie, je signalerai une particularité assez curieuse. Les assiettes dont on se sert aux Indes sont munies d'un petit trou par lequel on verse de l'eau bouillante dans un double fond. La chaleur qu'on leur communique ainsi est nécessaire pour balancer l'influence réfrigérante du punka. Cette ouverture pratiquée sur le côté est habituellement fermée; mais un jour on servit à un étranger, par inadvertance, une assiette que l'on avait oublié de boucher. Celui-ci se figura que cet orifice était destiné au sel et en mit trois ou quatre fois sans jamais parvenir à le remplir. Cette innocente distraction fit beaucoup rire ses voisins à ses dépens.

Pour terminer ce qui a trait à Bayculla-Hôtel, je dois lui rendre cette justice que l'on n'y est guère dérangé par les serpents, et que, sous ce rapport, l'on peut y dormir en toute sécurité. On prétend, en effet, que ces animaux, très-nombreux aux environs de Bombay, s'introduisent souvent jusque dans les maisons. Un voyageur m'avait raconté aussi qu'en arrivant dans cette ville, la première chose qu'il avait vue était un serpent, qu'il en avait trouvé un autre dans son bain, et le troisième dans son lit. Mais je suis porté à croire que ce voyageur avait eu une chance exceptionnelle, car pour ma part, je n'ai pas même aperçu le plus petit scorpion, malgré le soin que je prenais chaque soir de visiter mes effets et surtout mes draps avant de me coucher.

A défaut de serpents, la ville de Bombay renferme environ trois cent mille habitants. Les Anglais y occupent un quartier spécial qui n'offre rien d'intéressant pour les voyageurs.

On y trouve de vastes places tirées au cordeau, des rues qui rappellent celles de Londres, le palais du gouverneur, des casernes, divers bâtiments de ce genre et d'immenses magasins. Ces établissements, qui se ressemblent tous, renferment une foule d'objets de toutes sortes, mais on ne peut jamais y découvrir ce que l'on cherche.

Les commis anglais, sachant que l'on a absolument besoin d'eux, s'y montrent d'une indifférence si navrante qu'elle étonnerait même un Brésilien.

Voulez-vous une paire de gants, — impossible de mettre la main sur un gantier; mais on vous indiquera facilement une de ces vastes boutiques universelles. Là, vous vous promenez, une heure, deux heures, entouré d'habillements tout confectionnés, de chaussures diverses, de chapeaux de toutes formes entassés pêle-mêle avec des photographies, des fioles d'encre rouge, des boîtes à couleur ou de sardines, du fromage de gruyère, du cognac extra-fin, des accordéons, des pipes, des bibles, du savon et du calomel. Il y a peut-être aussi des gants, mais c'est à vous de les découvrir si vous le pouvez.

Le quartier anglais est séparé du reste de la ville par une esplanade plus étendue que notre Champ-de-Mars et complétement dépourvue d'arbres. Son importance, en cas de révolte, est facile à comprendre; mais si elle peut être des plus favorables à la promenade des boulets de canon, elle est fort désagréable à traverser en plein soleil.

La ville indoue est immense. Les rues sont généralement bien percées, les maisons élevées et régulières. Plusieurs sont garnies de balcons soutenus par des solives sculptées, contournées d'une manière très-élégante et peintes en rouge et en vert. Presque toutes ont au rez-de-chaussée des salles ouvertes directement sur la rue, qui servent à la fois d'ateliers aux ouvriers et de boutiques aux marchands. Il est rare d'y voir, comme à Damas et au Caire, un grand luxe d'étalage, les Indous ayant l'habitude de ne travailler que sur commande, surtout s'il s'agit d'un objet d'une certaine valeur.

Les rues sont perpétuellement envahies par une foule bariolée des plus agitées. Les Indous ont, comme on sait, la peau d'un beau brun chocolat; il en est qui sont aussi noirs que des nègres, mais leurs traits sont absolument semblables aux nôtres. Leur costume, qui diffère suivant les localités, est superbe à Bombay. Là seulement on voit ces immenses turbans, qui renferment 40 à 50 mètres d'étoffes. Ils ont presque le diamètre d'un parasol, et sont aussi majestueux qu'utiles contre le soleil. Il y en a de toutes couleurs, mais les blancs et les rouges dominent. Le reste du costume est des plus simples; il se compose d'une large houppelande qui descend jusqu'à terre, croisée et serrée à la taille par une ceinture de couleur voyante.

Les Parsis se distinguent des Indous par un horrible chapeau en toile cirée de la forme d'un long shako sans visière et mis en sens inverse.

Quant aux femmes, elles glissent comme des ombres, la tête et les épaules enveloppées de leur *sahri,* espèce de voile semblable à ceux de nos religieuses, mais souvent de couleur éclatante et orné d'une frange dorée.

Les Musulmanes seules portent des pantalons qui sont très-collants, et d'un effet déplorable, parce qu'elles ont, comme toutes les femmes indoues, les jambes d'un grêle invraisemblable. Les autres se contentent d'un simple pagne en soie ou en toile, passé entre les jambes et légèrement flottant.

Mais ce qu'il y a de singulier (à notre point de vue) dans leur costume, c'est que leur petit corsage ne couvre que la partie supérieure du corps et laisse à nu le dessous des seins et la plus grande partie du ventre. Si cette mode nous paraît bizarre, en revanche elle permet de voir des formes arrondies et charmantes. Ces femmes sont toujours surchargées de larges anneaux de cuivre ou d'or, qu'elles portent aux bras, aux oreilles et au nez.

Elles ont toutes de magnifiques yeux noirs et de luxuriantes chevelures d'ébène ; malheureusement la bouche, trop fendue, détruit l'harmonie de l'ovale.

En somme, malgré ses défauts, le costume des Indous est cent fois plus gracieux que le nôtre parce qu'il est naturel.

« Quoi de plus déplorable, ainsi que le dit très-bien le prince Soltikof, quoi de plus déplorable que le costume grotesque de nos femmes, comparé aux admirables draperies du vêtement antique des Indous, dont la nature elle-même forme les plis et dont la réminiscence semble avoir inspiré les artistes de la Grèce et de Rome aux plus belles époques de l'art ancien. »

Les femmes de 12 à 16 ans, alors dans le plus grand épanouissement de leur beauté, se fanent avec la rapidité des roses; mais, à cet âge, on ne peut rien rêver de plus poétique et de plus charmant. Ce sont elles qui inspiraient Valmiki lorsqu'il disait dans le *Ramayana*, il y a trois mille ans : « A ton aspect on rêve de pudeur, de splendeur, de félicité et de gloire on pense à *Lakchimy*, l'épouse de *Vischnou*, ou à *Rati*, la riante compagne de l'amour. De ces divinités laquelle es-tu, ô femme à la séduisante ceinture !... »

CHAPITRE III

Le lendemain de notre arrivée, je me rendis chez le
gouverneur de la province de Bombay, sir T. Fitz Gerald, pour lequel mon cousin lord Malmesbury m'avait
donné des lettres de recommandation. Je le trouvai à
quelques milles de la ville, dans son élégant cottage de
Malabar-Point, — heureux de pouvoir passer un ou
deux mois loin de son palais de Bombay, au milieu d'un
bois de cocotiers, au bord de la mer, et de respirer un
air dont la température ne s'élève qu'à 30 degrés par un
effet spécial de la divine providence.

Sir T. Fitz Gerald nous a donné, par son charmant accueil, un avant-goût de l'admirable hospitalité anglaise,
hospitalité qui ne s'est jamais démentie dans tout notre
voyage dans l'Inde, et que nous avons retrouvée à tous les
degrés de l'échelle sociale, depuis le gouverneur général
jusqu'aux plus petits sous-lieutenants.

Nous étions invités à dîner presque tous les jours à

Malabar-Point, et cela nous permettait de nous mettre en rapport avec les divers fonctionnaires du pays.

Nous y trouvâmes entre autres un Parsi fort obligeant qui nous fit voir les principaux temples de la ville.—Ceux-ci, construits en belles pierres blanches, sont généralement peu élevés et garnis de galeries rectangulaires qui circonscrivent un dôme pointu. Ce dôme, en forme de mitre, donne à ces temples un cachet tout-à-fait particulier. Au-dessous se trouve l'idole principale, représentant sous une forme plus ou moins bizarre, une des incarnations de Brahma ou de Vischnou. C'est tantôt un bœuf, tantôt un paon, un singe ou quelque être fantastique armé de huit bras.

Ces temples, d'ailleurs beaucoup plus curieux à Bénarès, étaient traités légèrement par notre Parsi, et il se hâta de nous conduire au temple du feu, qui était le sien, et par conséquent le seul raisonnable à son point de vue.

Après avoir gravi de nombreux escaliers de granit, embellis de plusieurs monstres de marbre de toutes couleurs, nous vîmes un bâtiment carré, soutenu par des colonnes, au centre duquel était une flamme que l'on entretenait perpétuellement.—C'était la déesse.—Une foule de Parsis se prosternaient devant elle et semblaient l'adorer. Cependant, il ne faut pas s'y tromper, ce culte est moins absurde qu'on pourrait le croire. En effet, un Parsi que nous plaisantions d'adorer ainsi le feu, nous répondit : « Ce n'est pas le feu que nous adorons, nous n'adorons que Dieu, mais nous trouvons que cette flamme, vivante et pure, qui nous anime et nous réchauffe, est la plus belle image de la divinité et vaut mieux que les statues des idolâtres. »

Parmi les établissements de Bombay, un des plus singuliers, est un hôpital exclusivement réservé aux animaux. Il me semble que l'homme pourrait se prévaloir de son titre de bipède sans plume pour s'y faire admettre, mais il paraît que cette condition ne suffit pas. Cette étrangeté n'aurait pas surpris cet Américain qui, dernièrement, vient de léguer sa fortune aux chats de la ville qu'il habitait, afin qu'on leur construisît un hôtel, et que l'on mit à leur disposition des médecins et surtout des musiciens chargés de leur jouer de l'accordéon, leur instrument favori.

Pour bien comprendre ce qui a rapport aux Indiens, il faut connaître l'organisation de leur société.

Les Indiens se divisent en quatre castes parfaitement distinctes : les Brahmes, les Kchattryas, les Vaicyas et les Çoudras ou Parias.

Les Brahmes, sortis de la tête de Brahma, s'attribuent les fonctions et les priviléges de la noblesse et du clergé.

Les Kchattryas, sortis du bras de ce créateur, sont les guerriers (la prosaïque Europe les appelleraient simplement messieurs les militaires).

Quant à la cuisse de Brahma, elle n'a pu fournir que des cultivateurs, ce sont les Vaicyas. Enfin, les Parias, tirés de son pied, sont des esclaves essentiellement chargés des fonctions les plus viles.

La distance qui sépare la première classe des autres est si tranchée, qu'un Brahme se croirait déshonoré en touchant un Çoudra, et mourrait de faim plutôt que de manger un repas préparé par l'un d'eux.

La plupart des habitants sont très soignés dans leur toilette, seulement il en est qui, par excès de dévotion, se couvrent de bouse de vache, espérant se sanctifier par le contact d'une matière provenant de l'animal le plus sacré, une des principales incarnations de Vischnou.

Généralement, ils se contentent de s'enduire le front et

le visage de cette substance, qui ne tarde pas à blanchir;
mais les plus dévots, tels que les fakirs, en sont littéralement inondés.

Ceux-ci se promènent souvent entièrement nus et
accomplissent les vœux les plus absurdes. Il en est qui
jurent de garder la main fermée pendant dix ans. Il en
résulte que les ongles traversent leur chair et y déter-
minent des plaies dégoûtantes. D'autres font serment de
ne jamais baisser l'un des bras ou de garder un silence
éternel. On en rencontre sur les chemins qui ont entrepris de faire le pélerinage de Bénarès à cloche-pied.
J'en ai vu un à Bombay qui m'a particulièrement frappé.
Il était à genoux dans un coin de la cour d'un vaste
temple; les prêtres de l'endroit lui avaient construit un
petit toit de paille afin de l'abriter des rayons trop ardents du soleil. Ce fakir avait fait vœu, non pas de se
laisser mourir de faim, mais de ne rien faire pour
l'apaiser, de sorte qu'il mourrait si on ne lui introdui-
sait de force des aliments dans la bouche.

Ce malheureux était d'une maigreur effrayante, et
ressemblait à un véritable squelette; on pouvait aisément compter ses côtes, malgré l'horrible badigeon qui
lui servait de seul vêtement. Il avait les yeux baissés, ne
quittait jamais son humble posture, et disait son chapelet en marquant chaque invocation d'un balancement
d'arrière en avant. La foule se précipitait pour le voir
et le couvrait d'aumônes, qui enrichissaient le temple et
le collége des Brahmines; mais il était certainement de
bonne foi, et à coup sûr, l'argent qu'on lui donnait ne
lui profitait guère.

Assurément il y a parmi ces fakirs un grand nombre
de jongleurs qui spéculent sur la crédulité du peuple,
mais il y en a aussi qui sont parfaitement convaincus

de la sainteté de leurs pratiques et de la vérité de leur religion; témoins ceux d'entre eux qui renoncent volontairement à des richesses, souvent considérables, et se condamnent à toute une vie de privations. Il en est qui se jettent sous le char de leur divinité favorite afin de se faire écraser pour lui plaire et la rejoindre dans le nirvana. D'autres font plus en se faisant eunuques, sacrifice inouï, chez les brahmes surtout, qui peuvent si facilement se procurer toutes les femmes qu'ils désirent, ainsi qu'on le verra plus loin.

Ceux qui opèrent cette castration sur leurs enfants, sont, à la vérité, moins vertueux, mais, dans ce cas seulement, elle peut être subie sans danger de mort.

Certains fakirs obtiennent un résultat analogue en suspendant, durant de longues années des poids de plus en plus lourds aux muscles qu'ils désirent affaiblir. Ils obtiennent ainsi une impuissance complète et promènent alors avec orgueil leur horrible nudité.

Mais laissons les fakirs et suivons l'excellent docteur Bhau-Dadgi qui, sur une simple lettre de recommandation de l'un de ses amis, veut bien nous présenter à un brahme nommé *Ramchunder Luxumouji*, qui donne ce soir une *natch* en l'honneur de la naissance d'un sien petit-fils.

La natch est, comme on sait, une danse de bayadères, et il s'agissait cette fois d'une natch de première classe. Nous arrivâmes vers dix heures dans un vaste salon éclairé par une quantité de candélabres gigantesques. Le long des murs se trouvaient des divans sur lesquels étaient étalés une foule de brahmes, revêtus de riches costumes artistement brodés d'or, et se tenant immobiles et sérieux comme des juges.

Pas une femme, bien entendu, celles-ci étant confinées dans leurs appartements d'où elles pouvaient écouter de loin le bruit de la fête.

Le parquet était recouvert de nattes blanches d'une grande finesse, sur lesquelles les convives se tenaient assis les jambes croisées. Tous avaient eu soin de retirer leurs chaussures à la porte de la maison, les barbares de l'Occident s'attribuant seuls le privilége d'entrer dans les appartements avec des souliers qu'ils viennent de traîner dans la boue. Les Européens trouvent tout naturel de s'introduire ainsi dans les plus jolis boudoirs et de maculer les tapis les plus élégants; mais cet usage, qui n'est que malpropre chez nous, devient intolérable en Orient où l'on s'asseoit par terre et où l'on baise le sol à tous moments dans les prières et les cérémonies. — En conséquence, nous avions toujours soin de nous conformer aux usages du pays, pensant que nous devions bien cette concession à ceux qui nous invitaient.

Lorsque chacun fut installé, le maître de la maison vint nous offrir du bétel et des fragments de noix d'arek enveloppés dans de légères feuilles d'or. On passa des plateaux couverts de fleurs et de fruits, puis on nous aspergea d'essence de rose avec des aiguières d'argent au goulot étroit. Celles-ci ne laissaient échapper qu'un mince filet de ce précieux liquide qui retombait sur les convives comme une légère rosée.

Enfin, au milieu du salon, se trouvait un brûle-parfums en vermeil, représentant une fleur dont les pétales étaient mobiles et recouvraient les plus suaves aromates de l'Asie. De temps en temps, on en jetait une pincée sur un réchaud enflammé, et aussitôt l'appartement se remplissait d'un nuage embaumé.

Bientôt les bayadères entrèrent suivies de leurs musiciens et s'assirent sur un petit tapis carré, placé au centre du salon. L'un jouait du *saranqui*, espèce de viole d'amour primitive, aux sons de hautbois, doux mais sauvages; l'autre grattait avec une plume une longue guitare appelée *tamboura*, faite avec une calebasse, et en tirait des sons érotiques et agaçants; enfin, le dernier marquait le rhythme sur deux caisses sourdes, nommées *tarabouks*, avec l'impitoyable régularité des Indiens de l'Amérique du Sud.

Voici un des airs les plus appréciés des Indiens et que l'on appelle *Lalla-Rouka* (les Joues roses).

La régularité de la batterie et la monotonie même de cette musique magnétisent et finissent par produire une certaine ivresse qui ne manque pas de charme.

LALLA-ROUKA

COURSE HUMORISTIQUE

O mé-nes trel viens donc chanter Et me donner tes

etc. jusqu'à la fin

longs bai-sers. Et me donner tes longs— baisers.

Ta-za-ba ta--- za no ba no. Ta-za-ba ta- za

no ba no, Ta-za-ba ta— za no ba no

La principale bayadère était jolie, bien faite, svelte, élancée et eût été charmante, si elle avait eu les bras et les jambes moins grêles.

Son sahri noir et or, rejeté en arrière, dégageait sa figure et ne couvrait qu'à demi son ondoyante chevelure d'ébène. Au milieu de son front, tombait gracieusement un bouquet de perles blanches; elle en avait aussi aux oreilles et sur le côté gauche du nez. Son petit corsage de satin brodé d'or, ne cachant, suivant l'usage, que le haut de la gorge, laissant voir des seins arrondis et une taille fine et souple comme la tige d'une fleur. Des pantalons d'étoffe foncée, appelés *pedjamas*, soutenus par une ceinture de drap d'or, étaient réunis aux chevilles par des anneaux d'argent et une jupe courte de cachemire rouge, frangé de méandres noirs, distinguait essentiellement son costume de celui des almées du Caire.

3

Enfin, une quantité de bracelets et d'anneaux volumineux et sonores étaient entortillés autour de ses jambes et de ses bras, de sorte que le cliquetis en était étourdissant.

Outre ces ornements, elle avait encore des bagues à tous les doigts des pieds et des mains.

Telle était la bayadère ou *natch walla* qui se leva subitement devant nous au milieu du salon.

Derrière elle, se tenait sa mère, vieille femme à l'air farouche, à l'œil torve, droite et sèche comme un hareng.

Son costume noir et rouge rappelait celui de Méphistophélès, et son long sahri écarlate rehaussait la dureté de sa physionomie.

Cette vieille, responsable sans doute du succès de la soirée, ne cessait de harceler, du regard, les musiciens et emboîtait le pas de sa fille qu'elle suivait dans tous ses mouvements comme son ombre ou plutôt comme son spectre, tout en chantant à tue-tête à l'unisson des saranquis.

D'une main, elle rejetait en arrière son atroce sahri rouge, et de l'autre elle maniait vivement un éventail destiné à rafraîchir et à ranimer son élève épuisée.

La chorégraphie des bayadères consiste en un piétinement cadencé et des balancements du corps longs et lascifs, accompagnés de gestes qui expriment l'amour dans toute sa poésie ou dans toute sa frénésie. Celle qui danse devant nous, ondule et se tord avec tous les signes d'une passion exaltée. Sa tête se renverse, ses yeux meurent, tout son corps frémit. On dirait un serpent amoureux.

Pendant toute la durée de cette danse, notre bayadère et sa mère chantent d'une voix sauvage et mélancolique des airs monotones du genre de *Lalla Rouka*. Seulement, plus la sorcière hurle et s'agite, plus sa fille affecte de langueur, de nonchalance et de morbidesse voluptueuse.

Ces filles, nées pour l'amour, le respirent par tout leur être, et rien n'est plus attachant que ces danses orientales.

Ce qui est singulier, c'est que les *natch girls* les plus effrontées trouvent la valse des Européens très-indécente, et ne peuvent comprendre que des femmes du monde tourbillonnent publiquement dans les bras de leurs cavaliers.

Quant à elles, lorsque grisées de leur propre danse, elles paraissent comme affolées et semblent avoir abandonné toute retenue, on serait fort mal reçu en s'avisant de les toucher du bout du doigt en public.

Notre amphitryon, qui s'était constamment montré pour nous d'une exquise politesse, avait eu la délicate attention de nous faire préparer, dans une salle spéciale, un excellent souper européen. La table était couverte de bouquets de fleurs, d'ananas gigantesques, de pyramides de bonbons les plus recherchés et de glaces préparées avec des fruits du pays, qui par cette chaleur tropicale, nous rendaient la vie. Enfin, le champagne et les meilleurs vins coulaient à flots. Bref, nous avons été très-touchés de l'accueil que l'on nous a fait, et nous nous sommes retirés enchantés de cette charmante fête.

CHAPITRE IV

Le docteur Bhau-Dadji, que j'ai nommé plus haut, est un des hommes les plus remarquables de l'Inde, et il est trop connu de tous ceux qui ont habité ce pays pour que je n'en dise pas quelques mots.

Cet Indou, de la caste des brahmines, au lieu de se contenter du bénéfice de sa naissance, s'est consacré à l'étude, et est devenu un des hommes les plus savants du monde.

Également versé dans la littérature et dans les sciences, il s'est fait recevoir docteur de la Faculté de médecine de Londres; il parle couramment l'anglais, le français, l'indostani, le persan et le sanscrit. Enfin, il a beaucoup voyagé, beaucoup lu, et réfléchi sur toutes choses; c'est dire à quel point sa conversation était instructive pour nous.

Sa peau, assez claire, n'était que légèrement bronzée; — sa magnifique tête était toujours garnie d'un turban co-

lossal qui lui allait fort bien. Grand, bien fait, noblement
drapé dans sa longue robe blanche, je n'avais jamais vu
un homme plus beau et d'une allure plus distinguée.

Le docteur Bhau-Dadji voulut absolument nous servir
de cicerone, et c'est avec lui que nous avons visité les environs de Bombay.

Un matin, nous partîmes pour l'île d'Éléphanta qui
renferme le fameux temple de ce nom.

Le gouverneur de Bombay avait eu la bonté de mettre
à notre disposition son yacht à vapeur, de sorte qu'en
une heure nous parvînmes au bord de cette île, aussi
remarquable par sa forme pittoresque et la magnifique
végétation qui la couvre, que par les souvenirs antiques
qui s'y rattachent.

Nous y fûmes accueillis par une troupe de misérables
parias qui, à force d'être traités en sauvages, le sont devenus véritablement. Toutefois, je dois dire que pour
l'usage que nous en voulions faire, ils nous furent infiniment plus utiles que les hommes les plus nobles, car il
s'agissait de traverser à pied sec la boue qui nous séparait
du rivage, et sur laquelle nos barques ne pouvaient s'aventurer. Chacun de nous enfourcha donc un paria qui,
moyennant quelques *couris*, le déposa sain et sauf sur la
berge voisine.

L'île d'Éléphanta est uniquement habitée par ces
malheureux parias, que les Indous de castes supérieures
méprisent souverainement et ont confinés dans cet endroit comme des lépreux dans un lazaret.

Cependant le docteur Bhau-Dadji leur parla avec bonté,
puis leur distribua des remèdes et des aumônes. Mais ce
qu'il y a de particulier, c'est qu'ils acceptèrent ses cadeaux sans le remercier et lui tournèrent le dos sans
même le saluer.

Cette habitude, chez les membres de cette caste, tient à ce qu'ils ne croient pas qu'on puisse les obliger sans arrière-pensée. D'ailleurs, ces Indous, prodigues de saluts, ne le sont pas de reconnaissance, et il est à noter que le mot « merci » n'existe pas dans leur langue.

Tandis que nous gravissions lentement un escalier d'un kilomètre, envahi par mille lianes entrelacées dont nous ne pouvions nous dépêtrer, le docteur Bhau-Dadji herborisait, distinguant autour de lui une foule de plantes dont les graines ou les fleurs pouvaient servir de remèdes à des maladies réputées incurables en Europe.

Les serpents, paraît-il, sont aussi très-nombreux dans cette île, mais je ne sais trop quelle est leur utilité, et pourquoi Noé s'est donné la peine d'en mettre une collection si variée dans son arche.

Au sommet de cette colline, nous nous trouvâmes subitement en face des fameuses grottes d'Eléphanta. Ce temple monolithe, entièrement creusé dans un seul rocher, est une des plus grandes merveilles de l'Inde.

On ne sait pas exactement à quelle époque il a été construit, mais celle-ci est à coup sûr antérieure à l'ère chrétienne.

Il se compose de plusieurs vastes salles soutenues par d'énormes colonnes carrées, et présente l'aspect le plus grandiose. Les parois de cette excavation sont recouvertes de gigantesques bas-reliefs grossièrement travaillés, mais où l'on distingue les principaux mystères de la religion brahmanique.

Quoique ce temple ait été spécialement dédié à Sciva, le panneau principal faisant face à l'entrée, est garni de trois grandes statues se tournant le dos et qui représentent le *Trimourty*, c'est-à-dire la trinité indienne.

Au premier aspect, on croit voir un veau à trois têtes,

mais en regardant bien on finit par reconnaître les trois grands dieux de l'Inde : *Brahma, Sciva* et *Vischnou.*

Le premier est le créateur, le second le destructeur, et le dernier le conservateur.

On a réservé à Vischnou un sanctuaire spécial, au centre duquel se trouve le symbole qui le représente dans son principal attribut, celui de propagateur de la race humaine. C'est le *lingham,* ou emblème de la reproduction, que l'on retrouve partout, dans tous les temples et même dans toutes les maisons de l'Inde. Quoique sa signification soit délicate à expliquer dans un pensionnat de jeunes filles, cette sculpture n'a rien de blessant à l'œil.

C'est un tronçon de colonne fixé dans une vasque. On en voit de toutes les dimensions, mais celui d'Eléphanta, taillé dans le granit, a la grandeur d'une énorme meule de moulin.

A Bombay, les femmes qui veulent se marier ne mettent point d'épingles dans le pied de Saint-Christophe, comme les paysannes de Bretagne, mais elles vont s'asseoir sur le lingham de Vischnou.

Parmi les images qui tapissent les murs de ce temple, on remarque celle de *Ganisch,* vulgairement appelé *Gonnpouti,* dieu cher aux Indous, et dont la tournure a positivement quelque chose de très-sympathique.

Ce dieu, fils de Sciva, et doué des qualités les plus brillantes, naquit malheureusement sans tête. Alors, son père, très-contrarié de ce contre-temps, ordonna qu'on lui apportât celle du premier individu qui se présenterait. Or, la première personne que le messager rencontra fut celle d'un éléphant ; il lui coupa la tête et vint immédiatement la placer aux pieds, je veux dire sur le cou du jeune Gonnpouti. Voilà pourquoi ce dieu est toujours représenté avec une énorme trompe, qui d'ailleurs n'enlève rien à la bienveillance de sa physionomie.

Après avoir tout examiné dans le plus grand détail, nous allâmes nous reposer quelques instants sur le lingham, au risque de nous marier tous dans l'année. Pendant ce temps, on déballa des paniers de provisions qui renfermaient des jambons, des poulets, des fruits, de jolies bouteilles de Champagne dont la vue était réjouissante, et enfin un énorme bloc de glace soigneusement enveloppé dans des couvertures de laine, trésors inappréciables par la chaleur qui nous accablait.

Lorsque tout fut préparé, grâce aux soins obligeants du docteur Bhau-Dadji, celui-ci disparut et alla manger un peu de riz et quelques graines derrière la statue de Brahma.

On sait, en effet, que les brahmes ne peuvent, sans se déshonorer, s'asseoir à la même table que les Européens, et surtout consommer de la viande, car celle-ci a pu appartenir à une incarnation de Vischnou.

Assurément le docteur était trop intelligent pour avoir de pareils préjugés, mais il devait agir ainsi sous peine de perdre sa caste et son crédit aux yeux de toute la ville, et même de ses propres domestiques.

En somme, le temple d'Eléphanta est extrêmement intéressant et encore fort beau, malgré les efforts que les Portugais ont faits pour le détruire lorsqu'ils étaient maîtres de la partie occidentale de l'Inde.

Ces Vandales, voulant anéantir jusqu'à la trace des religions du pays, cherchèrent à démolir ce temple, mais leurs efforts furent impuissants, et s'ils réussirent à briser quelques colonnes, ils ne purent même pas accomplir leur œuvre de destruction !

Les temples monolithes sont nombreux dans l'Inde;

on cite celui d'Ellora comme le plus remarquable et le mieux conservé, mais on en trouve de fort curieux sans sortir de la province de Bombay. L'île de Salcette, notamment, renferme les grottes de *Kanhéri* que nous n'avons pas manqué d'aller visiter.

Dans cette dernière excursion, nous avons dû employer tous les modes de locomotion.

Partis le matin en *gari*, nous avons bientôt échangés ces voitures indigènes contre des chevaux, afin de pouvoir traverser une épaisse forêt qui n'est percée que par un étroit sentier; puis, il nous a fallu mettre pied à terre pour gravir l'immense rocher à la partie supérieure duquel on a creusé, il y a plus de deux mille ans, le temple de Bouddha.

Sur le côté droit du péristyle, ce personnage est représenté par une statue gigantesque, taillée dans le roc.

Chose remarquable, ce temple a exactement la forme et la dimension de nos églises chrétiennes, moins le transept, bien entendu. C'est un long vaisseau soutenu par deux rangées de colonnes qui séparent la grande nef des bas-côtés; puis, au centre du chœur, on a placé un petit autel en forme de demi-sphère qui renfermaient autrefois des reliques de Bouddha.

Il semble donc que les architectes européens ont construit les premières églises sur le plan des monuments indous.

La montagne de Salcette, entièrement granitique, est criblée d'une foule de cellules creusées jadis par les ascètes qui venaient s'y recueillir et vivre dans la retraite et la méditation, à l'exemple de leur maître.

Plusieurs sont ornées de bas-reliefs qui figurent des modèles d'anachorètes. Ces fakirs idéals sont tous représentés entièrement nus, et d'une maigreur effrayante ; mais ce qu'il y a de particulier, c'est qu'à première vue, on les prendrait pour des gardiens de quelque sérail, tout ce qui est charnel en eux étant supposé atrophié par suite de l'abstinence rigoureuse à laquelle ils ont dû se livrer depuis longtemps !

Cependant, le jour baissait et l'on nous engagea beaucoup à reprendre le chemin de Bombay, la forêt que nous avions à traverser étant remplie de tigres qui deviennent dangereux après le coucher du soleil. Nous nous hatâmes donc de partir et quelques heures après nous étions de retour à Bayculla-hôtel.

Telle fut la manière dont nous passâmes notre temps à Bombay et dans ses environs. Toutefois, nous ne voulions nous acheminer définitivement vers les bords du Gange, qu'après avoir vu les principales villes de la province où nous étions, au moins dans un rayon d'une centaine de lieues. Aussi, après avoir pris congé du docteur Bhau-Dadji, du gouverneur sir T. Fitz Gerald, et de toutes les personnes aimables qui avaient bien voulu faciliter nos excursions, nous partîmes pour Pounah, voulant profiter du chemin de fer que les Anglais ont établi dans cette direction. Ce chemin de fer est extrêmement intéressant à étudier, car il traverse victorieusement la chaîne du Ghauts, une des montagnes les plus élevées de l'Indoustan. On est arrivé à résoudre ce difficile problème en donnant à la voie ferrée la forme d'un zig-zag dont les branches sont très-rapprochées. A chaque angle, on s'arrête, puis on repart dans le sens inverse, traîné par une locomotive très-puissante. La route est des plus pittoresques, et jamais je n'ai rencontré dans une même journée, pareille quantité de tunnels, ponts et viaducs vertigineux.

Pounah est une des villes les plus anciennes de l'Inde, ce qui ne l'empêche pas d'être une des plus pauvres. Le bazar renferme une foule de petites échoppes ouvertes sur la rue, et au-devant desquelles on a placé des nattes en guise d'étalage. Les marchands y passent les trois quarts de leur temps étendus au soleil, et semblent attendre que la fortune leur arrive en dormant ou plutôt en fumant.

Sciva est très en honneur à Pounah; on l'y adore sous la forme d'un épouvantable monstre qui ressemble à un homard grossièrement sculpté, et recouvert du vermillon le plus éclatant. On en voit partout et de toutes grandeurs, à tous les coins de rues, sur les maisons et jusque sur les bornes! Je n'ai remarqué aucun édifice méritant le nom de temple, mais dans presque tous les carrefours, vous rencontrez des hangars de bois qui recouvrent des idoles monstrueuses, quelquefois de la grandeur d'un bœuf et toujours peintes en rouge. Devant elles, des brahmes brûlent des parfums, récitent des oraisons et reçoivent les aumônes que les passants déposent dans une sébile spéciale, vaste tirelire où les païces entrent aisément, mais dont ils ne peuvent plus sortir.

Une journée passée à flâner dans cette petite ville nous a suffi et, le soir, nous sommes allés dîner dans une auberge établie près du camp anglais. Nous y avons trouvé une table d'hôte assez confortablement servie, autour de laquelle fonctionnaient silencieusement une dizaine d'officiers en proie au *spleen* le plus navrant. Aucun ne dit un traître mot durant tout le temps du dîner.

CHAPITRE V

Radjapoutana. - Bungalow. — Le roi de Baroda. — Chasse
dans laquelle c'est un tigre qui poursuit le gibier, et où
l'auteur fait intervenir sans motifs suffisants, César, les
Belges et la bataille de Waterloo. — Nous croyons accepter un dîner tandis que nous donnons un spectacle. —
Luttes saisissantes. — Un page de soixante ans. — Le
voleur du roi. — Chasse. — Le grand vizir me trouve en
chemise. — Diamants du roi. — Higlanders radjpoutes.
— L'auteur fatigué de ses grandeurs renvoie son escorte
avec une noble simplicité, puis se perd dans la ville. —
Cauchemar mémorable.

Le lendemain, nous retournions à Bombay, et bientôt
après nous partions en chemin de fer pour Baroda, situé
à une centaine de lieues vers le Nord.

La route que l'on parcourt dans ce trajet longe le
golfe de Cambaye, ne traverse que des pays plats et n'offre aucun intérêt.

Baroda est la capitale de l'un des Etats les plus considérables du Radjapoutana.

Cet État est soi-disant indépendant, mais les Anglais
ont installé auprès du souverain indigène un officier qui,
sous prétexte de l'aider de ses conseils, prend la haute
main sur tout ce qui se passe.

Cet agent, en apparence simple chargé d'affaires, se contente du titre modeste de *résident*, mais en réalité, c'est un surveillant sévère, sans l'autorisation duquel l'on n'oserait rien faire d'important.

En considération des lettres du gouverneur de Bombay, le colonel Barr, qui remplit ces fonctions à Baroda, nous fit un charmant accueil et voulut nous installer immédiatement chez lui, mais comme il y avait un *bungalow* dans les environs, nous avons préféré y descendre, afin d'être plus libres.

Les établissements de ce genre se composent d'une pièce centrale, servant de salon ou de salle à manger, et de deux chambres attenantes, munies chacune d'une natte placée sur un lit de rotin, d'un escabeau et d'une table, plus (je ne saurais l'oublier) une salle de bain ornée d'une cuve que l'on a soin de tenir toujours remplie d'eau.

Toutefois, on ne trouve guère autre chose, et il ne faut jamais se mettre en route sans avoir un petit matelas, un oreiller, une couverture, une cuvette et surtout une collection de serviettes.

Un homme, généralement quelque vieux cipaye invalide, est chargé d'entretenir cette espèce de caravansérail et d'y élever un poulailler dans le criminel but de tordre le cou à une poule chaque fois qu'un voyageur se présentera.

La chair coriace de cette volaille et du riz au *curry*, sont d'ailleurs les seuls aliments que l'on puisse attendre en voyageant dans l'Inde; mais on est bien heureux de les trouver. Ce qui rend l'invention des bungalow inappréciable, c'est que l'on est sûr d'en rencontrer à toutes les étapes, quelle que soit la direction où l'on aille.

Malheureusement, les Anglais ont une telle horreur de

ce qu'ils appellent la *saleté native*, qu'ils ont toujours le plus grand soin d'établir leur bungalow et leurs habitations aussi loin que possible des villes. Il en résulte que si l'on ne vient exprès pour voir le pays, et si l'on ne se donne beaucoup de peine pour cela, on peut voyager dix ans dans l'Inde, de bungalow en bungalow, sans voir une seule ville indienne. Toutefois, nous n'étions pas très-éloignés du cottage du *résident*, où nous dînions presque tous les jours, et grâce auquel nous avons été traités en princes durant tout notre séjour.

Le colonel Barr ayant annoncé notre visite au souverain de Baroda, qui porte le titre de *Gouaïcor*, celui-ci nous donna rendez-vous le lendemain à cinq heures du matin, afin que nous puissions ensuite l'accompagner dans une chasse qu'il projetait de faire aux environs.

En conséquence, à quatre heures du matin, il nous envoya une voiture attelée de quatre chevaux, ornée de plusieurs domestiques en robes rouges, et précédés de coureurs qui éclairaient la route avec des torches.

Nous traversâmes ainsi au grand trot une avenue de banians de plusieurs milles de long, sur laquelle on avait échelonné, de distance en distance, quelques centaines de soldats, en notre honneur, et vers cinq heures et demie, nous arrivâmes au palais du Maha-Radja. Ce palais, entouré de ses dépendances et des casernes attenantes, a environ la grandeur du Louvre, mais il est bâti nouvellement et n'a pas grand cachet architectural. Pendant que le Gouaïcor s'apprêtait, on nous fit attendre dans un petit jardin taillé symétriquement et rempli de mille fleurs aux couleurs éclatantes. Deux longs bancs étaient placés parallèlement ; nous nous assîmes sur l'un d'eux, avec le grand-vizir, tandis que les autres ministres et les gens de la cour se mirent sur l'autre ; enfin plusieurs interprè-

tes restent debout, leurs fonctions les obligeant à courir sans cesse des uns aux autres. Le premier ministre
était revêtu d'un magnifique costume en soie verte bro-
chée d'or, et portait dans sa vaste ceinture de brocart,
des armes superbes, qui sont un des principaux produits
du pays.

On sait, en effet, que les sabres de Baroda sont connus
pour la finesse de leurs lames et l'élégance de leurs poignées généralement en argent niellé d'or, et du travail le
plus exquis.

Un homme attira particulièrement notre attention;
c'était un grand gaillard à moustaches grises, à la grosse
figure niaise et épanouie. Il souriait à chaque instant
d'un air stupide qui voulait être narquois.

Ce personnage était (fort heureusement) recouvert
d'une robe blanche et d'un immense turban rose ! C'était
le page du Gouaïcor. Tout à coup, on entendit un roule-
ment de tambour, les troupes se mirent sous les armes,
un frémissement parcourut l'assemblée : c'était le Maha-
Radja, roi de Baroda.

Sa Majesté était en tenue de chasse : guêtres, veste et
culottes de drap marron, le tout fort râpé, ce qui produisait un singulier effet au milieu de sa somptueuse
cour. — Le fait est qu'il ne pouvait pas trouver un
meilleur costume pour se distinguer. Aussitôt que le
grand-vizir nous eut présenté, il nous dit quelques
mots gracieux, demandant des nouvelles de notre santé
et le but de notre voyage ; mais, en passant par la bouche de deux interprètes, ses paroles nous parvinrent sous
cette forme peu encourageante :

« Qu'êtes-vous venus faire ici? Avez-vous des maladies? »

Je fis répondre que nous étions venus de Paris spécialement pour avoir l'honneur de voir Sa Majesté, ce qui parut lui être très-agréable. Après cette intéressante conversation, il voulut bien nous proposer de l'accompagner à la chasse aux antilopes, ce que nous acceptâmes avec empressement.

Au milieu de nombreux soldats, rangés comme pour une revue, et d'une foule de curieux, s'effectua pompeusement notre départ. Cinq chars à bœufs étaient placés en ligne les uns derrière les autres.

Le Gouaïcor conduit lui-même le premier, poussant ses bœufs à coups de canne, comme un roi mérovingien. Il a derrière lui un léopard attaché sur un siége spécial.

Nous nous installons dans le second char, les autres invités dans les deux suivants, et les serviteurs dans le dernier.

Nous parcourons ainsi péniblement des terrains sablonneux, enfonçant à chaque instant jusqu'au moyeu; mais toute notre attention est fixée sur le léopard du Radja. Ce petit tigre appartient à l'espèce appelée *chitta* dans le pays; il a les yeux bandés et est dressé comme un faucon, de sorte qu'il est fort peu dangereux. Cependant sa langue pend, et il tourne sans cesse sur lui-même d'un air menaçant, tandis que sa queue ondule au vent.

A peine avons-nous fait une demi-heure de marche, que nous apercevons à une grande distance une bande d'une dizaine de *black-buck*, espèce d'antilopes aux formes les plus élégantes. Impossible de les approcher à portée de fusil, surtout du train dont nous allons; mais, à l'instant, on débande les yeux du chitta qui s'élance comme une flèche à la poursuite de l'un de ces animaux. Tous deux courent avec une vitesse vertigineuse; mais

4

le léopard affamé gagne du terrain et finit par atteindre le pauvre cerf, qu'il terrasse et égorge d'un seul coup de patte. Alors immobile, la queue droite, les oreilles dressées, il suce la plaie qu'il vient de faire, et s'enivre de sang avec une avidité effrayante et tous les signes d'une jouissance monstrueuse, d'une volupté de tigre, enfin. Bientôt cependant on lui remet son chaperon et on l'enchaîne de nouveau à son poste.

Notre hôte parut très-fier de la chasse qu'il avait faite ; toutefois il me semble qu'une part honnête de cette gloire pouvait en revenir légitimement à son collaborateur !

Ces exploits me rappelèrent une histoire de Belgique tendant à prouver qu'aujourd'hui comme du temps de César, « Belgi sunt fortissimi gallorum, » et dans laquelle on lisait : « Deux bataillons belges soutenus par dix-huit bataillons prussiens et quelques Anglais, gagnèrent la bataille de Waterloo ! »

Au retour de cette expédition, on nous fit visiter en détail le palais que nous avions entrevu le matin. Il est très-considérable et orné intérieurement d'un nombre invraisemblable de lustres et de cristaux, mais il ne renferme pas de meubles, chacun ayant l'habitude de s'asseoir sur ses talons. En somme, il n'offre rien de remarquable.

Cependant le Maha-Radja nous avait fait préparer un déjeuner à la mode européenne dans un pavillon entouré de fleurs et de bananiers.

Malheureusement l'étiquette indoue ne lui permettait pas de s'asseoir à table auprès de nous, et il n'aurait pu manger de la viande et boire du vin sans perdre sa caste, *ipso facto*.

En revanche, il avait envoyé pour nous tenir compa-

gnie, son grand-vizir, plusieurs ministres, une douzaine
de seigneurs et le fameux page au turban rose.

Tous s'assirent par terre autour de notre table, soi-
disant pour nous faire honneur, mais en réalité dans le
traître but de nous regarder manger et surtout de nous
voir boire du vin. Les Indous se figurent que l'on ne peut
en prendre sans s'enivrer, aussi lorsqu'on nous en apporta, ils se regardèrent, se frottèrent les mains et se
dirent en souriant : « Attention! voilà le bon moment,
ils vont se griser. »

Mais, au lieu de nous livrer à la folle gaieté que nous
inspiraient leurs réjouissantes figures, nous prîmes le
parti de garder un imperturbable sérieux en buvant
silencieusement, ce qui parut renverser toutes leurs
idées.

Toutefois, la fête fut encore bonne pour eux, car en
nous voyant manger de la viande, ils ouvrirent des bou-
ches stupides d'horreur, en poussant des exclamations
que l'on traduirait sur les bords du Rhin par des « Ist
das meuglich » prolongés.

L'un d'eux, en apercevant un saucisson, demanda
avec effroi quel était cet animal, si c'était un poisson
ou un légume? Enfin toutes nos manières paraissaient
vivement les intéresser. Evidemment, depuis longtemps ils ne s'étaient autant amusés. Le page surtout était ravi, et c'était plaisir de voir une figure
aussi réjouie.

Le soir, nous rentrâmes chez nous avec l'escorte du
Gouaïcor, qui nous envoya chercher de la même manière
le lendemain, pour assister à des luttes préparées en
notre honneur.

Sur la vaste place de son palais, une foule énorme était
rassemblée, mais il ne s'y trouvait pas une seule femme,

car, depuis l'invasion musulmane, les Indous ont pris le
détestable usage de les séquestrer.

A l'arrivée de la cour, cette foule s'entrouvrit et forma
au centre un carré d'une régularité parfaite sur cinquante
hommes de front; les autres restèrent pêle-mêle en
arrière.

Le Gouaïcor s'assit dans un fauteuil, sur l'un des
côtés de ce carré, nous mit à sa droite, et les autres
places furent remplies par le grand-vizir, le page à barbe
grise et divers officiers.

Derrière, se tenaient debout les interprètes et le cham-
bellan chargé de tenir le crachoir d'argent. Ce haut
fonctionnaire prêtait une oreille attentive à la respiration
du Radja et s'évertuait à ne jamais manquer les bonnes
occasions.

Le Maha-Radja aime passionnément les luttes. Il com-
bat tous les matins à bras-le-corps, et passe pour l'un des
hommes les plus vigoureux de son pays. Quelquefois il
oblige des bêtes féroces à se battre entre elles, particulièrement des tigres et des rhinocéros; il s'amuse encore
à faire écraser des condamnés sous les pieds des éléphants, afin de varier ses plaisirs; mais ce sport peu
goûté du *résident*, ne se renouvellera plus, je le
crois.

Ce jour-là, il s'agissait de luttes entre hommes. Bientôt
deux athlètes entrent dans la lice; ils sont superbes,
quoique bronzés; jamais je n'ai vu de corps aussi bien
faits; ce sont de vraies statues antiques.

Après s'être donné la main, ils s'empoignent par la
nuque, cherchent à renverser leur adversaire sur le dos,
en suivant des règles savantes et sans aucune super-
cherie.

D'autres lutteurs arrivent, et, en un quart d'heure,

l'arène en est remplie. La plupart paraissent connaître d'avance, avec une précision mathématique, la portée de chaque effort; aussi leurs mouvements se font-ils sans secousses. Tous les muscles sont tendus, et les positions sont si bien combinées, de part et d'autre, que les groupes paraissent immobiles, immobilés comme des locomotives lancées l'une contre l'autre, à l'instant où elles se rencontrent. Ce genre de lutte donne lieu aux poses les plus variées, aux groupes académiques les plus artistiques.

Les vainqueurs viennent tour à tour saluer le Gonaïcor et se prosterner sous ses pieds, qu'ils mettent eux-mêmes sur leur tête après s'être frappé les bras, manière orientale de rendre hommage à leur maître. Ce spectacle était vraiment fort beau et nous arracha de nombreux *atchas*, éternuement qui signifie très-bien en indostani.

En rentrant au bungalow, nous trouvâmes un homme de très-mauvaise mine installé dans notre appartement, se tenant debout, les bras croisés, une longue chevelure éparse sur les épaules et un arsenal de sabres, dagues et pistolets à demi-fourrés dans la ceinture.

— Bon Dieu ! quel est cet homme-là ? dis-je aussitôt.

— Ne faites pas attention, c'est un voleur, répondit tranquillement notre guide.

— Ah bah !

— Oui, c'est le voleur du Maha-Radja.

— Comment cela ?

« C'est bien simple : Il se trouve dans le Radjapoutama une association de pillards qui érigent le vol à l'état de précepte religieux. Toutefois, la présence de l'un d'eux dans une maison suffit pour la rendre inviolable aux yeux de tous les autres membres de la corporation. Les grands

seigneurs ont donc toujours à leur service quelqu'un de
ces voleurs responsables, le Gouaïcor en a plusieurs et
il a mis l'un d'eux à votre disposition. »

La nuit, cet homme étrange couchait en travers de
notre porte comme le mameluck de Napoléon Ier.

Un autre jour, le Maha-Radja nous envoya de bon matin
des chameaux et une vingtaine de rabatteurs pour nous
faire faire une chasse dans ses terres réservées.

Nous rencontrâmes le long du chemin plusieurs ci-
gognes, de superbes paons et quantité de singes,
mais il était impossible de les abattre, parce que ces animaux sont sacrés aux Indes, et que les gens de notre suite
nous eussent fait un mauvais parti.

Au premier village, un superbe déjeuner froid nous avait
été préparé par les soins du Radja. Il y avait force champagne frappé, et une foule de plats conservés à la glace;
aussi un maître d'hôtel nous l'annonça-t-il en disant :
« Dépêchez-vous, messieurs, le déjeuner va se ré-
chauffer ! »

Mais les officiers qui nous accompagnaient nous par-
lèrent d'une recherche bien autrement épicurienne. Il
paraît en effet que de riches Indous se donnent souvent
le luxe de faire prendre à leurs femmes des bains d'eau
glacée ! Si par malheur Sardanapale n'était pas mort, je
crois qu'il se pendrait de désespoir de n'avoir pas trouvé
cette idée-là.

Quant à notre chasse, ce fut la partie secondaire de
l'expédition, d'autant plus que les seules bécassines
que nous ayons rencontrées étaient en dehors du parc
réservé. Les avait-on charitablement éloignées d'a-
vance? Craignait-on un trop grand massacre ? C'est un
mystère.

Le lendemain, dans l'après-midi, la chaleur était ex-

trême, je lisais, tranquillement étendu sur une natte et
dans le costume le plus primitif, lorsque tout à coup :
clic-clac, deux voitures à quatre chevaux et un grand
nombre de cavaliers arrivent avec fracas de notre côté.
J'endosse aussitôt un vêtement quelconque, je mets mon
gilet par dessus mon habit, un caleçon sur ma tête, et je
vais au-devant de mes visiteurs.

C'est le grand-vizir, accompagné de plusieurs ministres
en grand costume, d'un drogman et d'une foule d'officiers qui nous apportent de la part du Gouaïcor divers
cadeaux parmi lesquels se trouvent, spécialement à mon
adresse, son portrait et un sabre d'honneur garni d'un
fourreau rouge et d'une poignée niellée d'or du plus beau
travail. C'est la décoration du pays.

Un peu plus tard, le Maha-Radja nous envoya cinq
éléphants gigantesques. Par malheur, il n'en faisait
pas cadeau, par délicatesse peut-être, pensant que nous
aurions de la peine à les emmener en France. L'un d'eux
était entièrement caparaçonné d'argent et recouvert d'une
housse de drap d'or. Nous grimpâmes sur son dos, au
moyen d'une échelle, et nous installâmes sur une plate-
forme entourée d'une balustrade d'argent massif. Un
cornac, à cheval sur la tête de notre éléphant, le conduisit au bazar de Baroda. Les quatre autres bêtes suivaient, toutes prenant le plus grand soin de n'écraser
personne, de sorte qu'aucun accident ne se produisit, quoique la foule fût considérable. Toutefois il fallait
se cramponner vigoureusement pour diminuer le balancement qui est très violent et peut même vous renverser si l'on n'y prend garde.

Ce spectacle n'est pas nouveau pour les habitants, car
le Gouaïcor possède à lui seul cent éléphants, mais ces
animaux n'en sont pas moins aussi remarquables à Baroda

que les chevaux pur sang à Paris. Voilà ce qui explique
l'empressement de la population à nous venir voir.

Le Maha-Radja nous avait promis plusieurs fois de nous
faire voir ses diamants, et l'on nous en avait souvent parlé
comme d'une chose superbe ; néanmoins nous ne faisions
pas grand cas de cette exhibition ; notre étonnement et
notre admiration n'en furent donc que plus intenses lorsque nous vîmes ces merveilles.

A la fin d'un dîner que nous avait gracieusement offert
le *résident*, un escadron de cavalerie escorta plusieurs
personnages de la Cour qui entrèrent dans le salon, mu-
nis chacun d'écrins dont ils étalèrent le contenu sur une
grande table. Celle-ci fut littéralement couverte de diamants, dont les plus petits avaient la grosseur d'une belle
noisette et le plus gros les dimensions d'un œuf. Ce dernier a coûté 2,250,000 francs. Nous avons remarqué spécialement un collier composé de sept rangs de diamants
de la plus belle eau qui a coûté 7,500,000 francs. L'ensemble de cette collection a été estimé un million de livres
sterling par un bijoutier anglais, ce qui n'a rien d'exorbitant pour le Gouaïcor qui possède 35,000,000 de rentes.

Nous avons consacré une journée entière à visiter la
ville et le bazar de Baroda. Les gens du pays, moins habitués que ceux de Bombay à voir des Européens, nous
suivaient partout avec curiosité, d'autant plus que nous
arrivions dans le magnifique équipage du Gouaïcor et
accompagné d'une foule de serviteurs dont nous ne pouvions nous débarrasser.

En plusieurs endroits, les rues sont à moitié barrées
par des portes en forme d'arc de triomphe entièrement
peintes en rouge, vert et bleu.

Ces portes contribuent à donner un caractère spécial à
cette petite ville ; mais ce qu'elle a de tout à fait parti-

culier, ce sont les éléphants qu'on y rencontre de tous
côtés, et les nombreuses bêtes féroces qu'on a la manie
d'y élever comme des chiens ou des chats. Vous rencontrez des tigres énormes et des rhinocéros attachés par
de simples chaînes dans la cour de plusieurs maisons. Il
en est même qui s'échappent parfois dans les rues, et
lorsqu'on voit la foule se précipiter sur un point, on peut
parier à coup sûr qu'elle a un animal sauvage à ses trousses, à moins toutefois qu'elle ne poursuive elle-même,
par curiosité, quelque Européen égaré en ces lieux.

En passant devant la caserne principale de la ville,
nous avons remarqué des soldats accoutrés de la manière la plus singulière. Le Gouaïcor ayant appris que
les *higlanders* formaient un des plus brillants régiments
de l'Angleterre, voulut en constituer un sur le même
modèle. En conséquence, il fit imiter de point en point
leur costume écossais, et pour obtenir une ressemblance
complète, il poussa la conscience jusqu'à copier la couleur de leur peau, en faisant recouvrir d'un maillot rose,
les jambes noires de ses rajpoutes.

D'ailleurs, si le Maha-Radja est immensément riche, en
revanche il me paraît doué d'un goût douteux. Ainsi, il
possède aux environs de Baroda un palais carré entouré
d'une colonnade supportant de vastes terrasses qu'il a eu
la fantaisie de faire peindre entièrement en jaune.

On nous y montra comme une merveille, une grande
galerie renfermant, disait-on, les objets les plus curieux
et les plus extraordinaires. Qu'on juge de notre étonnement, lorsque nous vîmes entassés pêle-mêle, des boîtes
à musique, des poupées disant papa et maman, des tableaux mécaniques représentant le passage d'un train sur
un pont, et les mouvements d'un bateau sur la mer, des
pendules de la Forêt-Noire, avec le coucou obligé, des

joujoux de toutes sortes et autres spécimens du bric-à-
brac européen. Il paraît que ces divers objets ont été
payés vingt fois leur valeur par le Radja aux honorables
colporteurs qui les ont introduits à Baroda. On conçoit,
d'ailleurs, que le grand luxe chez les Indous soit d'orner
leurs habitations avec des objets européens, de même
que nous décorons les nôtres avec des chinoiseries ; ce
qui est singulier, c'est qu'ils ne choisissent pas mieux.

Fatigués de notre promenade d'apparat, et voulant
flâner un peu librement à travers les rues, nous con-
gédiâmes notre équipage, au grand étonnement des cochers et des gens qui nous accablaient de leurs services
respectueux.

Rien n'est amusant comme de marcher au hasard dans
une ville nouvelle, surtout aux Indes ; aussi nous y lais-
sions-nous aller avec un vif plaisir ; mais, trop confiants
dans notre science topographique, lorsqu'il fallut reprendre le chemin du logis, nous étions complétement perdus.

Nos connaissances en indostani étant très-restreintes,
nous ne trouvons dans notre vocabulaire que le mot bungalow pour demander notre chemin, lequel d'ailleurs
peut paraître suffisant. Cependant il n'en est pas ainsi.
Un honnête passant nous répond bien, en indiquant une
direction ; mais après une heure de marche, un autre
individu en montre une absolument opposée.

Nous retournons sur nos pas et bientôt un troisième
promeneur nous remet dans le premier chemin. Pour
plus de sûreté, nous en interrogeons un quatrième qui assure que nous nous trompons complétement. Enfin, après
avoir fait la navette pendant trois ou quatre heures sous
un soleil de plomb, au milieu des décombres de tous les
faubourgs, nous nous arrêtons, épuisés, dans un petit

corps de garde, demandant au moins la charité d'un peu d'ombre et de beaucoup d'eau.

Les soldats du Gouaïcor, fidèles à l'hospitalité orientale, daignent nous faire une place sous leur toit, mais ils ne savent comment nous donner à boire. Aucun ne veut sacrifier son écuelle, car le contact des lèvres européennes la souillerait à tout jamais, et il serait obligé de la briser immédiatement.

Sur ces entrefaites, survient le commandant du poste, un de ces hommes pleins de sagacité qui ne se laissent pas tromper aisément. Après avoir inspecté notre piteuse mine, il juge que nous sommes des brigands échappés de quelque prison, ou tout au moins des déserteurs, et il se dispose à nous arrêter, lorsque, par un hasard providentiel, arrive le page! le fameux page, qui ne comprend absolument rien à ce qui se passe, mais nous reconduit dans le droit chemin, ainsi qu'il convient à des gens vertueux. Or, voici la cause de tous ces quiproquos.

Bungalow est une expression indostani qui signifie maison de campagne. Pour un habitant de Baroda, le bungalow par excellence est celui du Maha-Radja, tandis que pour un Anglais, c'est le caravansérail des voyageurs; et comme ces deux maisons se trouvent précisément à l'opposé l'une de l'autre, il en résultait qu'on nous envoyait d'un côté ou de l'autre, suivant que nous nous adressions à un Indou convaincu ou à un vil suppôt des étrangers!

Les aventures de cette journée ne se terminèrent pas là.

Au milieu de la nuit, surexcité par la fatigue et ne pouvant dormir, j'allai me promener seul dans les environs. Je marchais ainsi en silence, lorsque je vis une maison isolée, presque en ruines, et éclairée par la lune. Il s'en échappait un bruit lugubre, une sorte de râle plaintif, un cri long, monotone et douloureux sur une note aigüe, toujours la même. Intrigué par ce mystère, j'entrai dans cette masure, là, un spectacle horrible s'offrit à ma vue. Les murs lézardés étaient couverts de cloportes et de reptiles, le parquet inondé d'une boue épaisse et gluante. Celui-ci, éboulé en plusieurs endroits, avait des crevasses menaçantes, en travers desquelles je craignais à tout instant de tomber et qui laissaient entrevoir une eau profonde et noire.

Le gémissement continuait toujours, et il me semblait que le sang se figeât dans mes veines. Cependant la curiosité l'emporta et je m'avançai en chancelant jusqu'à la plus grande de ces ouvertures béantes, puis, me soutenant sur une canne, je me penchai pour voir ce qu'il y avait dans cette étrange caverne. Tout à coup, la lune, se faisant jour à travers les fissures des murailles, envoya ses pâles rayons au fond de ce trou jusque-là obscur, et je vis un monceau de cadavres entassés les uns sur les autres. Le liquide provenant de leur décomposition formait une véritable mare, au milieu de laquelle quelques-uns d'entre eux surnageaient et glissaient lentement comme des spectres. C'est que d'horribles vampires, affamés de leur chair, les poussaient en les dévorant.

Les cris que j'avais entendus venaient de ces monstres ailés, qui ne cessaient de faire entendre leur sifflement aigu. Jamais je n'oublierai cette note affreuse et ne puis y songer sans frissonner. Rassasié de cet épouvantable spectacle, je m'efforçai de m'éloigner de ce lieu sinistre, craignant plus que jamais de glisser en marchant sur cette boue de cadavres. Enfin, je pris mon élan pour franchir un dernier gouffre qui me séparait encore de la porte, et, sautant de mon mieux, je tombai..... au bas de mon lit, emportant avec moi toutes mes couvertures.

Le lit de rotin sur lequel j'avais passé la nuit, et peut-être le soleil que j'avais enduré toute la journée, m'avaient causé ce singulier cauchemar. Jamais réalité ne se fixera dans mon esprit avec la netteté de ce rêve atroce.

Ce qu'il y a de curieux, c'est que, réveillé, j'entendis encore très-distinctement le bruit qui m'avait tant impressionné durant mon sommeil, et je ne savais si je devais en croire mes oreilles ; mais j'appris bientôt que cette note aigüe et prolongée provenait d'une noria voisine que des bœufs faisaient tourner pour monter de l'eau. L'essieu de sa roue motrice grinçant périodiquement sur une margelle de bois, produisait ce son bien connu de tous ceux qui ont voyagé en Égypte.

C'est égal ; j'espère que les esprits infernaux ne me gratifieront pas souvent d'une vision pareille, et je prie instamment le lecteur de ne pas en faire honneur à mon imagination, car elle n'y a aucun droit.

CHAPITRE VI

Voyant que nos hôtes s'évertuaient à nous donner chaque jour des fêtes nouvelles, nous ne voulûmes pas abuser
davantage de leur hospitalité, et le 14, nous partîmes
pour Ahmenabad.

Cette ville, située plus avant que Baroda dans le Radjapoutana, est néanmoins sous la dépendance absolue du
gouvernement anglais.

Je ne sais pour quelle raison on a excepté cette capitale
du Goujeratte, mais on ne saurait assez admirer l'habileté
qu'ont montrée les Anglais en respectant l'indépendance
du Radjapoutana. Cette vaste province contient, en effet,
des peuplades belliqueuses, dont l'armée du vice-roi pourrait assurément se rendre maîtresse, mais il ne serait
possible de les maintenir qu'en y entretenant des troupes
nombreuses et les Rajpoutes ne manqueraient pas une
occasion de se révolter.

Or, il faut remarquer que le Radjapoutana est situé dans la partie la plus occidentale de l'Inde et touche à l'Afghanistan, souvent en guerre avec les Anglais. En outre, des ennemis arrivant par terre, des Russes, par exemple, s'alliant aux Afghans, parviendraient facilement à soulever les Rajpoutes, sous prétexte de leur rendre leur liberté, et pénétreraient ainsi jusqu'au cœur de l'Inde. En paraissant au contraire respecter leur autonomie et la défendre contre les voisins, les Anglais en font des alliés sûrs et prêts à repousser tout envahisseur étranger.

Ahmenabad, en qualité de ville annexée, n'a plus ni Maha-Radja indépendant, ni cour orientale, et le principal personnage de l'endroit est le *collector*, chargé de réunir le plus grand nombre de roupies possible. M. Borradaïle, qui remplit ces fonctions, s'est mis à notre disposition pour nous faire voir les curiosités de la ville, une des plus intéressantes de l'Inde.

Le bazar est très-riche et les habitants ont une physionomie à part. On y rencontre un grand nombre de Siks échevelés, à l'air sauvage et farouche, des brahmes plus convaincus que ceux de Bombay, et des femmes aux costumes les plus brillants en satin cerise et vert.

Dans aucune partie de l'Inde, je n'ai vu de maisons aussi élégantes et aussi artistiques que celles d'Ahmenabad. Les échoppes des plus misérables boutiquiers sont garnies d'une façade en bois sculpté d'un travail exquis et du meilleur goût, digne de l'atelier du peintre le plus riche de Paris.

Ahmenabad et ses environs possèdent une quantité prodigieuse de mosquées, de tombeaux et de palais élevés par les musulmans peu de temps après l'invasion, c'est-à-dire aux quartorzième et quinzième siècles. Cons-

GRANDE GALERIE DU PALAIS DE LUKNOW

truits en pierre ou en marbre, ces monuments sont aussi grandioses dans l'ensemble que finement travaillés dans les détails. Une de ces mosquées notamment, située à quelques milles de la ville, est tout ce que l'on peut concevoir de plus merveilleux.

Qu'on se figure des galeries gigantesques placées autour d'un bassin de 300 mètres de long, et reliées par d'immenses escaliers sur toute cette étendue; des portiques, des minarets, des dômes, des colonnades à perte de vue, voilà pour l'ensemble. Quant aux détails, aucun musée ne renferme une pareille collection de richesses : chaque mur est couvert d'arabesques et d'entrelacs sculptés avec un art infini. Enfin, il est curieux d'observer avec quel soin on avait ménagé le confort intérieur. Les principales salles de cet édifice ont été bâties sur des pilotis de pierre, sous lesquels l'eau court sans cesse et rafraîchit l'air environnant.

Le soleil ne pénètre jamais dans ces appartements, car ses rayons sont tamisés par des fenêtres de marbre taillées à jour comme des dentelles, et dont les dessins sont tous variés, bien que toujours harmonieux.

On ne peut rien concevoir de plus beau; c'est un palais des Mille-et-une-Nuits; c'est le rêve d'un artiste en délire réalisé en pierre et en marbre. Quelle différence entre nos sombres bâtiments, gris comme notre horizon, et ces chefs-d'œuvre de l'art embellis par le beau soleil de l'Orient!

Je l'ai dit, les principaux monuments d'Ahmenabad ont été construits par les Musulmans, mais il existe aussi des temples indous fort intéressants.

La *collector* nous a fait visiter entre autres un temple très-singulier appartenant aux Djaïns.

Cette secte ne se contente pas de se nourrir exclu-

5

sivement de légumes comme les autres Indous, mais ils craignent sur toute chose de donner la mort à tout ce qui a vie, depuis l'homme jusqu'au plus petit insecte. Ils portent constamment devant la bouche une étoffe légère pour ne pas avaler par inadvertance quelque moucheron distrait, et s'attachent aux pieds des grelots afin d'éloigner les animaux qui pourraient se rencontrer sous leurs pas. Ils se laisseraient mordre par un serpent plutôt que de le tuer. Le jardin qui environne le temple des Djaïns est complétement inculte, parce que l'on ne pourrait y travailler sans courir le risque de toucher quelque ver. Ce doit être le paradis terrestre des reptiles les plus atroces, et il paraît en effet que les cobras y fourmillent.

M. Borradaïle, grâce à son crédit, put nous faire arriver jusqu'aux portes du temple, mais impossible d'en franchir le seuil. Je ne sais quel mystère on célèbre dans ce sanctuaire; nul profane ne peut y pénétrer. Nous dûmes nous contenter d'en admirer l'extérieur, qui est entièrement couvert d'arabesques profondément sculptées dans la pierre, et dont le dessin est fort riche, mais un peu trop surchargé.

Une autre fois, en nous promenant dans la ville, nous fûmes surpris d'entendre tout à coup un effroyable charivari, un tintamarre infernal et menaçant! D'autres se seraient peut-être enfuis épouvantés, mais les accords les plus mélodieux n'auraient pu produire sur nous un effet plus attractif. Courant dans la direction du bruit, nous arrivons auprès d'un temple brahmanique. Là, dans une loge pratiquée au-dessus du péristyle, un enragé tape sur trois caisses à la fois avec une agilité qui défierait les plus habiles timbaliers de l'Europe, et un aveugle souffle de toute sa force dans un scélérat de petit hautbois criard

que l'on entend d'une lieue. Le tapage que ces deux manœuvres produisent ainsi, explique l'absence des cloches
dans les temples indous; elles seraient complétement
inutiles.

Au centre de la cour centrale d'un vaste couvent se
trouve un pavillon de marbre, surmonté d'une douzaine
de dômes et soutenu par d'élégantes colonnes. C'est là que
trônent les idoles, statues en marbre précieux où en
argent, représentant diverses incarnations de Vischnou, de
Brahma, de Sciva et de plusieurs augustes membres de
leur famille. Elles sont placées dans des niches et séparées du public trop dévot par de prudentes grilles de fer.
Une foule de personnes et surtout de femmes sont sans
cesse prosternées devant elle dans l'attitude la plus respectueuse.

Une partie de la vénération des femmes pour les
idoles est habilement détournée par les brahmes à leur
profit. Nul ne sait mieux exploiter les préjugés de ce
peuple superstitieux. Ainsi, l'on sait que les femmes
indoues se considèrent comme déshonorées lorsqu'elles
n'ont pas d'enfants, et se figurent que Vischnou, le propagateur, peut seul leur en faire obtenir. En conséquence,
lorsque l'une d'elles est stérile, elle va trouver le supérieur
d'un couvent, et lui demande de vouloir bien intercéder
Vischnou en sa faveur.

Le brahme se fait supplier quelque temps, puis enfin
se laisse vaincre et annonce à sa naïve dupe qu'il tâchera
de lui rendre le dieu favorable.

Il lui dit de venir au milieu de la nuit dans le temple,
d'y rester seule, dans une obscurité complète, et lui
recommande de se dépouiller des vains vêtements
terrestres afin d'être en contact plus direct avec le
créateur, de se prosterner devant lui dans l'attitude du

plus profond respect et surtout d'avoir une foi sincère.

Il ajoute que si sa prière est écoutée, le grand propagateur viendra lui-même auprès d'elle, et que neuf mois
après, ses vœux seront certainement exaucés.

Un brahme quelconque vient bien entendu jouer le
rôle du dieu, toujours dans le plus grand silence, et le
lendemain, la pauvre femme, animée d'une vive reconnaissance pour le brahme dont l'intervention a été si
efficace, s'empresse d'aller l'en remercier tout en larmes.
Il est même d'usage qu'elle lui apporte des cadeaux que
le saint homme accepte sans vergogne.

Voilà l'étrange comédie qui se joue aujourd'hui encore
dans tous les temples de l'Inde, au vu et au su des maris
qui paraissent avoir, en ce pays, une grâce d'état toute
spéciale.

Un fait peut-être plus étrange encore : Dans un temple
des environs de Bombay, il paraît qu'à certains jours de
fête, les fidèles, hommes et femmes, se réunissent en
grand nombre et passent la nuit ensemble sans aucune
lumière, afin d'adorer Vischnou ; puis, après de longues
prières, chacun prend celui ou celle que ce dieu lui
envoie dans le hasard des ténèbres.

Mais à force de voyager, on rencontre souvent des
choses si absurdes, surtout en matière religieuse, qu'il
n'est plus possible de s'étonner de rien.

Avant de quitter Ahmenabad, nous avons tenté de
faire une excursion au centre de Radjapontana, et de
voir *Ondeypour*, dont on nous avait beaucoup parlé
comme d'une ville pleine de cachet oriental. Malheureusement, on ne put nous louer de chevaux, et l'on
nous assura que ce trajet se faisait toujours en chars à
bœufs. Nous partîmes donc, chacun dans une sorte de
voiture de blanchisseuse traînée par des bœufs ; mais la

lenteur de ces animaux, et le peu de confort de nos
misérables véhicules, nous découragèrent tellement, que
nous dûmes renoncer à cette expédition et reprendre le
chemin d'Ahmenabad. Excellente mesure, car nous venions d'apprendre que la famine régnait dans tout le
Meiwar.

Au retour, M. Borradaïle nous installa cette fois chez
lui, et nous consola par l'amabilité toujours croissante
avec laquelle il nous fit les honneurs de la ville.

Grâce à lui, nous avons pu nous procurer, à très-bon
compte, une foule d'objets particuliers à ce pays, notamment de superbes boucliers en cuir d'hippopotame,
travaillés et peints comme des bijoux émaillés, des arcs,
des flèches, des houkas de toutes formes et mille autres
choses.

Peu de temps après, nous partîmes pour Surat, où
nous fîmes une station d'un jour seulement. Cette ville
est citée pour la beauté de ses femmes et pour l'habileté
de ses bayadères. Le bazar est animé et bien fourni. On
y fabrique des guitares, des cithares, des tambouras et
toutes sortes d'instruments de musique avec des cale-
basses desséchées, puis des tarabouks de faience, dont
j'ai rapporté des spécimens assez curieux.

Dans chaque ville que nous traversions, nous faisions
venir le soir dans notre bungalow, des bayadères, qui dan-
saient une partie de la nuit au son de leur bizarre
musique, tandis que nous fumions nonchalamment
étendu sur nos nattes. Danses et danseuses rappelant
celles dont j'ai parlé plus haut, je crois inutile d'in-
sister.

CHAPITRE VII

Le surlendemain, de retour à Bombay, nous nous décidâmes à gagner Calcutta en traversant l'Indoustan dans toute sa largeur.

Le 27, nous prîmes donc le chemin de fer de l'Est, qui nous conduisait directement à Nagpour, situé au centre du Bérar, et par conséquent de la presqu'île.

On est d'autant plus heureux de faire ce trajet en chemin de fer, que cette partie de l'Inde n'offre pas grand intérêt.

Les environs de Bombay sont remarquables par leur gracieuse végétation, les pandanus et les palmiers qui ondulent de tous côtés. Mais après avoir escaladé les Ghauts, on traverse d'interminables plaines couvertes de champs de riz ou de maïs, et de l'aspect le plus mono-

tone. De loin en loin, on longe de petits villages construits en boue, et qui paraissent très misérables. Non-
seulement on ne traverse pas de ces forêts vierges que
l'on rêve en Europe, et que l'on ne trouve qu'en Amérique, mais on ne rencontre que rarement un pauvre
arbre isolé.

Les jungles sont de vastes terrains non cultivés, sauvages et pleins de bêtes féroces. On y rencontre parfois
de petits bouquets d'arbres rabougris croissant sur un
sol aride, hérissé de rochers, mais ils ressemblent plus à
des déserts qu'à des forêts.

Le chemin de fer qui doit rejoindre la ligne de Jubbulpore à Calcutta vient à peine d'être terminé jusqu'à
Nagpour.

Les wagons, sans compartiments, communiquent tous
ensemble et sont extrêmement commodes pour les voyageurs. Deux ou trois personnes y sont généralement seules,
ce qui permet d'y faire apporter ses malles, d'y étendre
des nattes et de se coucher confortablement pendant la
nuit.

Les gens bien pensants, aux Indes, ne s'embarquent
jamais dans une expédition de longue haleine sans emporter un bloc de glace, de la grosseur d'une borne, que
l'on a soin d'envelopper dans une couverture de laine,
afin de la conserver plusieurs jours : ressource indispensable pour des voyageurs sans cesse altérés sous ce ciel
dévorant.

La chaleur est moins forte dans l'Inde que dans l'Amérique du Sud, et cependant elle est plus difficile à supporter. Sur les bords de l'Amazône, le thermomètre s'élève
parfois à 45 degrés centigrades à l'ombre, et l'on est toujours dans une telle transpiration, que l'eau vous ruisselle
des cheveux jour et nuit. Mais cette chaleur humide n'a

rien de dangereux ; tandis qu'ici, quoique le thermomètre
ne s'élève guère au-dessus de 33 degrés, la chaleur est
sèche, brûlante et insupportable. Au Brésil on est bouilli,
aux Indes on est rôti. Ainsi j'ai pu voyager à travers toute
l'Amérique du Sud, à cheval et à pied, toujours au grand
soleil, avec un simple petit chapeau rond, cela sans en
être incommodé ; tandis qu'ici, personne n'ose sortir au
milieu du jour, ou bien ce n'est qu'armé d'un turban, ou
d'un immense casque séparé de la tête par des morceaux
de liége, de façon à permettre à l'air de rafraîchir la tête
en circulant librement autour d'elle. Cette coiffure appelée *topi*, est très-employée par les Anglais, mais elle est
basée sur une invention chinoise. Elle est aussi disgra-
cieuse qu'indispensable contre les coups de soleil que l'on
attraperait infailliblement sans elle — ce qui m'est arrivé
en effet, ainsi qu'on le verra plus loin.

La différence entre les qualités de chaleur dont je parlais tout à l'heure, tient sans doute à ce que les rayons
chimiques du spectre ne croissent pas proportionnellement
à l'intensité des rayons solaires. Ainsi, ils peuvent, sous
l'influence de certaines circonstances climatologiques,
être plus développés dans un pays que dans un autre sans
augmenter les degrés de chaleur, car leur action n'est
pas plus sensible au thermomètre que celle de la lumière.

Outre nos tapis et notre bloc de glace, nous avions pris,
comme mesure de précaution, un panier de provisions pour
lequel nous avions non moins d'égards que s'il eût été la
plus parfaite incarnation de Vischnou. La meilleure place
lui avait été donnée, afin de le préserver de tout choc, et
il se prélassait orgueilleusement au milieu de nous, large
et ventru comme un Bouddha. C'est le Parsi, intendant de
Bayculla-Hôtel qui s'était chargé de le confectionner et

de le ficeler. « Soyez tranquilles, nous disait-il, fiez-vous
à moi, ne vous inquiétez de rien. » Qu'on juge donc de
notre étonnement lorsqu'après l'avoir péniblement ouvert, enlevé une quantité désespérante de paille et de
papier, nous ne trouvons qu'un vieux poulet brûlé que
l'on n'avait pas osé servir à table d'hôte, des brosses, du
cirage et des oignons crus. Nous nous consolons cependant avec du Champagne que nous n'avions pas ménagé, et que nous n'eussions pas cédé contre son pesant
d'or.

Après vingt-huit heures de route, nous arrivâmes
ainsi à Nagpour ou plutôt au bungalow correspondant.
Cet établissement abritait déjà quelques Anglais en tournée d'affaires. Aussitôt nous les interrogeâmes fièvreuse-
ment afin de savoir s'il y avait quelque chose d'intéressant à visiter dans la ville. On nous avait bien assuré que
Nagpour, quoique située au centre de l'Indoustan, n'offrait aucun intérêt ; mais enfin il était possible que des
habitants du pays nous donnassent de meilleurs renseignements. Nos hôtes nous répondirent en effet : « *Oh,
yes! il y avait beaucoup d'attrachonne ici : Il y avait
le forteresse, il y avait le camp anglais et beaucoup
de soldats.* »

Ce ne fut pas chose aisée de leur faire comprendre
que nous étions venus aux Indes pour y étudier les
Indous, et non pour y retrouver l'Angleterre. Les Anglais
s'intéressent si peu à la couleur locale du pays, qu'ils
qualifient collectivement les indigènes, leurs villes et
tout ce qui s'y trouve de *saleté native*. Je le répète,
on ne peut se faire une idée de la peine que l'on
éprouve à leur faire entendre que c'est là ce que l'on
vient voir dans ce pays. Toutefois, si cette idée pénètre dans leur tête, et s'ils sont gens d'esprit, ils dissi-

mulent assez bien leur stupéfaction et, acceptant votre
manie, se bornent à rire de fort bon cœur. Mais sortez
avec l'un d'eux, il va vous conduire immédiatement.....
au quartier anglais.

Lorsqu'un fils d'Albion s'établit aux Indes, il choisit
le terrain le plus éloigné possible de la ville, et s'empresse d'arracher les palmiers et toutes les plantes
tropicales qui lui rappelleraient sans cesse son exil, puis,
il plante des arbres dont le feuillage ressemble à celui
de l'Angleterre. *Remembrance of the native country.*

Au moment de notre passage, le chemin de fer
n'étant pas encore terminé entre Nagpour et Jubbulpore,
il fallait faire ce trajet en *dâk gari*, espèce de boîte
rectangulaire assez commode pour deux voyageurs, et
garnis de nombreuses persiennes laissant passer l'air
et non le soleil.

Pendant la nuit, on réunit les deux siéges au moyen
d'une planche et l'on peut étendre son matelas dans
la longueur de la caisse, ce qui permet de dormir
assez confortablement.

Ces garis font un service régulier entre Nagpour et
Jubbulpore, mais souvent on les retient d'avance, sans
quoi on est exposé à attendre plusieurs jours. Ainsi,
au moment de notre arrivée, toutes les voitures de
la semaine suivante étaient retenues, excepté justement
celle qui devait partir le soir même. Nous nous empressâmes de la prendre et bientôt après nous rou-
lions dans la direction de Calcutta.

Les petits chevaux du pays, une fois lancés, marchent
comme le vent, mais le difficile est de les mettre en
train. A chaque relais, on est obligé de requérir tous
les habitants de l'endroit pour pousser les roues et
fouetter les chevaux. Mais les Indous n'osant pas

frapper consciencieusement dans la crainte d'avoir affaire
à une nouvelle incarnation de Vischnou, il fallait toujours se mettre de la partie.

Pour ma part, lorsque je constatais une mauvaise
volonté évidente, je n'y allais pas de main morte.

En quittant le bungalow de Dhouna notamment,
nous avons affaire aux animaux les plus récalcitrants.
Toute la population du village voisin tape, pousse et
hurle — impossible de démarrer. L'un des chevaux s'asseoit, je l'attaque à coup de canne — il s'étend tout
à fait. Furieux, je lui enfonce en bon lieu la pointe
du sabre de son altesse le Gouaïcor; il goûte cet argu-
ment et se relève, puis pour l'empêcher de s'étendre
de nouveau, je lui place sous le ventre un bâton
pointu. Plusieurs hommes attachent des cordes aux
jambes de devant de chacun des chevaux, s'y atte-
lant vigoureusement, et tirent alternativement celle de
gauche et celle de droite, tandis que nous tapons à
grands coups de fouet sur leur dos avec force coups
de fusil à titre d'encouragement — rien n'y fait !
On se détermine enfin à nous aller chercher d'autres
chevaux.

Les environs étant complètement déserts et n'offrant
rien de curieux à visiter, je rentre dans mon gari et
je mets le temps à profit en faisant quelques exercices de violon. Or, ce bruit inusité inspire la plus
salutaire terreur à nos rossinantes. Elles craignent
sans doute d'avoir à leurs trousses l'animal féroce qui
possède une pareille voix, et tout à coup elles s'en-
fuient au grand galop, comme si le diable les pour-
suivait.

Peu après, nous arrivâmes à la fameuse *Nerbudda*,
qu'il fallut traverser à gué, traîné cette fois par des

bœufs qui s'y prêtèrent de fort bonne grâce. Ce fleuve, bien que très-large, n'a pas grande profondeur, et nous n'eûmes guère plus d'un pied d'eau dans l'intérieur de la voiture.

Les Indous ont conservé une légende charmante sur la Nerbudda, un de leurs fleuves sacrés, le seul qui se dirige sans affluents vers le golfe de Cambaye.

M. Lanoye rapporte ainsi, dans son intéressant ouvrage sur *l'Inde contemporaine,* le récit que lui en fit un brahme des environs.

« Au temps de la jeunesse du monde, la Nerbudda, étant arrivée à l'âge de raison, conçut le dessein de se marier. Après avoir hésité longtemps entre divers prétendants, elle fixa son choix sur le Soane, né sur le même plateau qu'elle. Toutes les formalités préliminaires accomplies, le Soane se mit à marcher avec la pompe voulue pour venir trouver sa fiancée. Les futurs époux ne s'étaient jamais vus et la Nerbudda était si impatiente de voir le Soane qui s'avançait bien lentement, qu'elle dépêcha à sa rencontre la fille de son coiffeur, nommée Dhjola. « Va, lui dit-elle, approche-toi de lui sans qu'il s'en doute et reviens au plus vite m'apprendre comment il est. » Dhjola obéit, part le jour même et se rend en toute hâte auprès du Soane; mais elle ne chercha pas ou chercha mal à se dérober à sa vue. Il l'aperçut, la trouva charmante, et, aussi prompt dans ses impressions qu'il était lent dans sa démarche majestueuse, il lui offrit son cœur que la messagère infidèle eut l'indignité d'accepter. A la nouvelle de cet affront, la Nerbudda, furieuse, s'élance hors de son lit, et se dirige en rugissant vers l'asile ou reposaient les deux coupables. « Misérables ! » s'écria-t-elle à leur vue,... mais la colère l'empêcha d'achever : d'un coup de pied, elle renvoie le Soane vers

l'est, d'où il venait; d'un second, elle étend Dhjola derrière lui ; puis, sans mot dire, elle s'enfuit à l'ouest, écu-
mante de rage, vers le golfe de Cambaye. Telle était sa
colère, qu'elle brisa ou renversa tous les rochers qui s'op-
posaient à son passage, jurant de ne plus écouter aucune
autre proposition d'alliance, et depuis, elle n'a pas failli
une fois à son serment. »

Chemin faisant, nous nous arrêtions de temps en temps
dans de petits villages pour y prendre nos repas, et pendant que l'on préparait notre éternel riz au carry, nous
nous promenions de côtés et d'autres. Les maisons, ou
plutôt les cabanes de ces hameaux, sont généralement
construites en pisé et soutenues par quelques bambous;
mais ce qui les caractérise essentiellement, ce sont les
gâteaux de bouse de vache dont elles sont recouvertes et
qui sont aussi nombreux que peu appétissants. Ces pauvres paysans croient sanctifier leurs demeures en les
imprégnant ainsi de déjections sacrées.

Dans presque toutes les rues on remarque aussi beaucoup d'idoles : des Vischnous sous toutes les formes ! un
bon nombre de Gonnpoutis et une honnête quantité de
Sciva. Ces dieux sont représentés par des blocs de pierre
à peine dégrossis ou des arbres sculptés sur place de la
manière la plus bizarre. L'écorce du tronc arrachée sur
un côté, laisse voir une face de singe, de homard ou
d'éléphant taillée dans l'aubier, tandis que les racines et
les branches représentent les membres et les cheveux.

Malgré l'intervention de ces divinités, les Indous ne
paraissent pas très heureux, et la plupart d'entre eux
végètent dans la plus grande pauvreté.

Une réparation que l'on devait faire à notre gari nous
força de nous arrêter dans un de ces villages, et, aussitôt,
une foule considérable s'empressa de nous entourer et

nous regarda avidement, ne sachant pas à quelle espèce
d'animaux ils avaient à faire, et paraissant en proie au
plus profond étonnement.

Comme nous profitions de l'immobilité de la voiture
pour prendre un petit lunch, nos spectateurs se regardaient
les uns les autres, comme les vizirs de Baroda, et
riaient à gorge déployée en nous voyant prendre un verre
ou couper un morceau de pain.

Mais ce qui leur paraissait le plus extraordinaire, c'était
de nous voir manger de la viande, ils ne pouvaient s'expliquer comment des gens qui se disent civilisés consen-
tent à se nourrir d'animaux morts.

Bref, notre présence ne plaisait pas à tout le monde.

En effet, un colporteur, espèce de magicien de foire,
venait de s'arrêter sur la même place que nous, traînant
avec lui une grande cage remplie de magnifiques paons
blancs qu'il voulait vendre et auxquels nous faisions une
redoutable concurrence. Il avait beau faire mille tours
de passe passe et battre la caisse de toute sa force, tout
le monde l'avait abandonné pour venir nous contempler.
Aussi fut-il enchanté de nous voir partir.

Quelques heures plus tard nous arrivions à Jubbulpore, après deux nuits et un jour de voyage en gari.

CHAPITRE VIII

Jubbulpore a été choisi par les Anglais pour y établir
un de leurs centres militaires les plus importants. Ce
camp, bâti en briques rouges, est placé à une lieue de la
ville, dans une plaine triste et dénudée.

Notre premier soin fut d'aller le visiter; mais en montant en gari, son plancher s'enfonça et je passai au travers.

Il fallut alors nous contenter d'un petit char indou en
forme de *jaunting-car*, très-élégant à l'œil, mais fort
incommode, qui nous cahota dans les différentes parties
du bazar.

Nulle part je n'ai vu une foule pareille, et il n'est pas
difficile de reconnaître que ces fatalistes et paisibles habitants ne sont guère habitués au grand nombre de
voitures des capitales européennes et à l'aménité de leurs
cochers; car ils marchent tous obstinément au milieu

6

des rues. Impossible d'obtenir qu'ils se dérangent avant que le nez de notre cheval ait touché leurs épaules.

Le bazar de Jubbulpore renferme une quantité incommensurable de petites boutiques, dans lesquelles on trouve de riches étoffes de soie brochées d'or, de magnifiques brocarts, les tissus les plus fins, des bijoux scintillants, des perles éclatantes et surtout une masse incroyable de vases en cuivre qui reluisent au soleil de tous côtés. Ces vases servent aux Indous pour faire leurs ablutions; ils ne s'en séparent jamais, et y tiennent, je crois, plus qu'à leurs costumes. Enfin, on rencontre à chaque pas de gracieux temples surmontés de cinq dômes sous lesquels s'abritent leurs éternelles idoles rouges.

Vers le soir, la plupart des villes de l'Inde se couvrent d'un nuage épais et nauséabond; mais à Jubbulpore nous en avons souffert plus que partout ailleurs. Ce phénomène tient à ce que le bois étant extrêmement rare, les Indous sont obligés, pour faire cuire le dîner, de brûler force bouses de vache, ce qui lui donne un parfum de sainteté tout particulier; malheureusement, les étrangers qui n'ont pas la foi, trouvent cette nouvelle forme de Vichnou aussi vaporeuse que peu poétique, et ne savent pas en savourer le charme.

Si la circulation était d'abord difficile au milieu de la houle humaine dont j'ai parlé plus haut, elle devint impossible, lorsqu'après un court crépuscule, nous nous trouvâmes dans une obscurité profonde, éclairée seulement par les fumeuses lampes d'huile de coco des marchands ambulants.

Ceux-ci, enrichis d'une petite table portative, encombraient toutes les rues de leur étalage composé de fruits divers, de feuilles de bétel, de noix d'arek, de nougats

sous toutes les formes, et quelquefois aussi de mille ob
jets en bois admirablement sculptés.

Dans l'impossibilité où nous nous trouvons de faire un
pas, nous finissons par prendre le parti de revenir à pied
jusqu'à l'hôtel, avec l'intention formelle de ne pas nous
égarer, ainsi que cela nous était arrivé à Baroda.

Là, nous trouvons une table d'hôte des plus médio-
cres, mais ornée de plusieurs personnes qui causent en
anglais, et parlent de nous assez librement, pensant que
nous ne les comprenons pas.

— Qu'est-ce que ces Français viennent donc faire ici ?
disait l'un.

— Ce sont probablement des commis-voyageurs, répondit un homme bien informé.

— Non, je crois plutôt que ce sont des artistes, reprit
un troisième, car ils ont avec eux une boîte à violon.

Cette opinion dut prévaloir, surtout lorsque dans la
soirée on m'entendit m'escrimer sur la quatrième corde.
Ma chambre étant contiguë au salon commun, j'eus la
charité de choisir les études les moins stridentes de mon
répertoire; mais on ne me tint aucun compte de ce procédé généreux, et l'on y répondit en faisant un charivari infernal sur tous les verres de l'établissement. On
ne fait pas plus de bruit aux soirées de la baronne
de C....., quand j'y fais de la musique.

Ceci me permit de faire mes fameuses gammes en
octave que je tiens en réserve pour mes ennemis inti-
mes, celles-là mêmes qui produisent un effet si merveilleux sur les chevaux récalcitrants. Ce fut le signal
d'une déroute générale, et je crus à une victoire complète lorsqu'un individu imagina de m'écrire une lettre
touchante, prétendant que sa femme allait accou-
cher et me conjurant de la laisser dormir et de remettre

au lendemain la suite de mes exercices archi-mélodieux.

À tort ou à raison, je m'attendris et consentis à ne pas abuser de mes armes homicides.

Toutefois, je ne me serais peut-être pas montré aussi magnanime si j'avais prévu ce qui allait se passer le lendemain.

En effet, le Champ-de-Mars du quartier anglais se trouvant tout à côté de notre hôtel, je fus réveillé en sursaut à quatre heures et demie du matin par mes officiers aux oreilles délicates, qui faisaient faire sous mes fenêtres l'exercice du canon !

J'avoue que, cette fois, je me déclarai définitivement vaincu, et je détalai au plus vite pour Allahabad.

Aussitôt que l'on connut notre arrivée, une foule de badauds, de colporteurs et de mandiants, envahit notre demeure, étalant à qui mieux mieux leurs infirmités et leurs pacotilles. Il y avait des aveugles, des boiteux, des charmeurs de serpents, des jongleurs et des marchands d'étoffes de Dehli que l'on ne trouve, par parenthèse, qu'à Allahabad.

Le charmeur surtout, avec son air farouche, attirait notre attention; toutefois, il eût été imprudent de lui donner une poignée de main, car, dès qu'on s'approchait de lui, d'énormes cobras sortaient en guise de bras de dessous sa robe. Il avait sur lui tout ce qu'on peut désirer en fait de scorpions, tarentules, boas, etc.

Cet honnête industriel, mahométan convaincu, nous affirma qu'il parvenait à dominer ces reptiles par le secours du prophète, et que ce miracle ne pouvait manquer de contribuer à établir sa religion dans le monde.

En conséquence, il nasille une prière, puis il tire de sa poche et embouche un flageolet, en entremêlant ses mélodies d'*Allah-ah* frénétiques. Pendant ce temps, un affreux serpent à sonnettes, d'abord étendu nonchalament, relève la tête et s'élève à un pied au-dessus du sol en tendant le cou et dardant ses petits yeux noirs vers la main que son maître lui tend, puis il se dandine de gauche et de droite avec la régularité d'un métronome. Cette manœuvre, que je recommande aux amateurs d'escrime, fascine ceux qui la voient, et je comprends fort bien que les oiseaux s'y laissent prendre. On ne peut s'empêcher de suivre les mouvements de cette tête qui se balance ainsi, tandis qu'on se croit en sûreté parce qu'elle est éloignée ; mais, pendant ce temps, le charmant animal rampe lentement sur lui-même, afin de gagner du terrain. Tout à coup il s'allonge avec la rapidité de l'éclair et vous enfonce son crochet venimeux dans la chair avant qu'on ait eu le temps de s'en apercevoir.

Plusieurs fois le cobra que nous regardions se précipita ainsi sur la main du charmeur, car son instinct l'y poussait sans doute, mais il ne le mordit pas et ne cessa de danser pendant qu'il lui jouait du flageolet.

Cependant, nous n'étions à Allahabad qu'en passant, et notre principal but était de visiter Bénarès, Agra et les autres villes importantes des bords du Gange. Mais nous dûmes d'abord nous rendre à Calcutta, pour y présenter nos lettres de recommandations au vice-roi.

Nous espérions pouvoir descendre le Gange d'Allahabad à Calcutta, mais les eaux étant trop basses en ce moment, il fallut nous contenter du chemin de fer.

Dans notre wagon, nous avions pour compagnon de route un excellent homme, qui avait beaucoup voyagé dans l'Inde et qui paraissait très-disposé à nous donner tous les renseignements nécessaires.

On ne saurait croire à quel point il est difficile d'obtenir des détails exacts sur les pays mêmes que l'on traverse ; aussi étions-nous enchantés d'avoir fait la connaissance d'un cicerone si précieux et comptions-nous bien l'exploiter tout le long de la route. Il parla d'abord seul et fut fort intéressant, mais à nos questions sur Bénarès, il nous dit ce qu'il savait sur l'Hymalaya, et, l'ayant interrogé avidement sur le Cachemire, il répondit qu'il n'avait jamais été à Ceylan ! Hélas ! on n'est pas parfait : notre aimable interlocuteur était complétement sourd.

CHAPITRE IX

Calcutta. — Great-Eastern-Hôtel. — Palais du gouverneur.
— Mme Bestel et son bouge intitulé : French dancing
Academy. — Sabbat infernal chez mes voisins durant
toute la nuit. — Le Bazar. — Les Babous. — Eden garden.
— La Martinière. — Le jardin botanique. — Le gigantes-
que figuier des banians. — Un bal chez le gouverneur. —
Chandernagor.

Après vingt-huit heures de route, nous arrivâmes le
3 décembre sur les bords de l'Hougli en face de Calcutta, à cinq heures du matin. Les lampes du wagon,
dépourvues d'écrans, nous avaient fort incommodés pendant la nuit; en revanche, à peine arrivés, on les éteignit; c'était le seul moment où nous en avions besoin, la
nuit étant encore complète.

Dans cette obscurité, ce fut tout un travail de retrouver nos effets, lits, couvertures, nattes, oreillers,
sacs, malles, cannes, fusils, revolvers, chapeaux, et autres objets qui embellissaient notre existence et que nous
trimballions toujours avec nous; impossible de mettre
la main sur rien. Nous perdîmes un gros quart-d'heure
à empaqueter ce précieux attirail, et lorsque nous atteignîmes clopin-clopant le quai de l'Hougly, le bateau

chargé par l'administration du chemin de fer de conduire les voyageurs à Calcutta était déjà parti.

Nous voilà donc entourés d'une foule de nègres, d'Indous au buste bronzé, de coolis chinois et de portefaix
de toutes nations, se disputant nos bagages comme des
dépouilles opimes, chacun voulant en emporter un fragment d'un côté différent.

Les bateliers se querellent aussi pour nous entraîner
dans leurs barques.

Enfin nous faisons prix avec l'un d'eux, nous des-
cendons au moyen d'une échelle de corde le long d'une
berge escarpée, et, par un vrai miracle, les coups de
poing aidant, nous nous trouvons tous réunis, hommes
et choses, dans le canot du passeur.

Ce n'est pas le Gange proprement dit qui passe à
Calcutta, mais un bras de son embouchure nommée
l'Hougly.

Il est si large qu'il est impossible d'y construire un
pont, mais sa profondeur permet aux vaisseaux du plus
fort tonnage d'y pénétrer; de sorte que Calcutta, bien
qu'éloigné de la mer, est un des ports les plus considérables du monde.

Ce fut un spectacle splendide pour nous de voir les
mâts de milliers de navires, venus de tous les pays de la
terre, s'éclairer au soleil levant, et se profiler sur l'immense ville de Calcutta que nous voyions pour la première fois.

A mesure que la brume se dissipait, la ville entière
apparaissait autour de nous comme le matin d'un beau
jour après le sommeil.

Une demi-heure après notre débarquement, nous entrions dans le *great eastern hotel,* qui passe pour le plus
confortable de la ville.

Le garçon de service, réveillé en sursaut, vint à nous les yeux gonflés et d'un air hargneux, puis, sur notre mauvaise mine, il nous conduisit d'emblée au quatrième étage, dans de petites chambres d'une malpropreté révoltante.

Bien que cet établissement soit très vaste et construit à peu près à la manière européenne, je n'hésite pas à déclarer qu'il est inférieur à celui de Bayculla. Le service surtout y est indignement mal fait.

On rencontre à la vérité dans les corridors un nombre incalculable de domestiques, portant avec une lenteur pleine de majesté quelques tasses de thé ou de café ; mais je crois qu'ils les avalent eux-mêmes, n'ayant jamais pu, pour ma part, me faire servir quoi que ce soit.

La table d'hôte offrait un spectacle étrange, qui aurait été amusant si nous eussions été nous-mêmes moins intéressés en cette affaire. Chacun se précipitait sur quelques débris qu'il n'obtenait qu'à la force du poignet — c'était une vraie curée.

Par bonheur, sir John Lawrence, le gouverneur général, eut la bonté de nous inviter à venir prendre nos repas chez lui.

Le palais du vice-roi, construit dans le goût italien, est immense et logerait toute une armée. Son apparence, un peu massive, est relevée par diverses colonnades d'un superbe effet.

Enfin, au centre de la cour d'honneur, se trouve un énorme bronze qui se dresse orgueilleusement comme la statue d'un empereur ; ce bronze est un canon.

Calcutta, qui renferme environ un million d'habitants, est une ville moderne et tout-à-fait anglaise. Ce n'est pas sans raison qu'elle est appelée la ville des palais, car on y voit un très-grand nombre de bâtiments considé-

rables et des plus imposants. Ses rues sont droites et
trois ou quatre fois plus larges que celles de Londres.
Enfin, en plusieurs endroits, se trouvent des places aussi
vastes que notre Champ-de-Mars. Cette largeur des rues
est très-incommode sous une pareille latitude, car on
est exposé partout à un soleil dévorant, et il est presque
impossible de sortir dans le milieu du jour. Les Arabes
et la plupart des Orientaux savent ce qu'ils font en cons-
truisant leurs rues étroites et tortueuses. Cette disposition force les différentes parties de ces ruelles à s'échauf-
fer inégalement, ce qui provoque un courant d'air arti-
ficiel et entretient l'ombre et la fraîcheur.

Il est étonnant que des architectes, d'ailleurs aussi
habiles que ceux de Calcutta, n'aient pas compris qu'un
usage, excellent dans les pays du nord, ne l'est nullement
sous les tropiques.

La place principale, située à l'extrémité occidentale de
la ville près du port, est ornée d'une gigantesque et horrible colonne de briques rouges, que nous prîmes d'abord
pour un phare, mais c'était bel et bien, paraît-il, un monument artistique élevé en l'honneur du général Auchto-
lony.

En somme, si Calcutta est une ville superbe, elle
n'offre qu'un intérêt restreint au voyageur avant tout
avide de couleur locale.

La société se compose essentiellement de commerçants.
Chacun passe ses journées à s'occuper de ses affaires et
même de celles du pays, et là seule distraction que l'on
prenne consiste à se promener vers six heures sur le
Strand.

Ce bois de Boulogne de l'endroit, est une large allée
située sur les bords de l'Hougli où les élégants se réunissent vers la fin du jour.

On y voit une foule d'équipages superbes attelés de quatre chevaux anglais, transportés à grands frais. Ces voitures ne se distinguent des nôtres que par les *Saïs*, espèces de palefreniers indigènes qui se tiennent assis sur les ressorts, en costume rouge ou blanc. Ils sont spécialement chargés d'ouvrir les portières, de retenir les chevaux trop fougueux en se précipitant à leur tête, enfin et surtout d'éloigner les mouches en agitant sans cesse de longs balais de crins.

De jeunes Anglais conduisent eux-mêmes leurs *boggys* et de petits crevés indous cherchent à les imiter.

Les riches Indous qui habitent Calcutta adoptent, en grande partie, l'horrible costume européen et y paraissent on ne peut plus gênés. On reconnait cependant de loin leurs voitures à leurs chasseurs enturbannés, toujours armés d'une canne d'argent de six pieds de haut.

Un peu plus loin se trouve l'*Eden garden* où se promènent les piétons en n'écoutant pas la musique militaire des cipayes.

On se réunit vers la nuit tombante, et cette demi-obscurité, favorable aux amours, paraît plaire infiniment aux habitants de Calcutta, qui, après avoir travaillé toute la journée, viennent respirer avec délice ce qu'on appelle la fraîcheur du soir.

En rentrant à l'hôtel, on nous apporta cérémonieusement un prospectus intitulé « *French dancing académy* » accompagné d'une lettre de Mme Bestel en personne.

Cette dame nous avertissait qu'elle venait de rouvrir ses salons, et qu'en qualité de compatriotes, elle espérait bien que nous lui ferions l'honneur d'y venir souvent passer la soirée.

N'ayant justement rier à faire ce soir-là, nous endossâmes nos meilleurs habits et nous nous fîmes conduire en chaise à porteurs à l'endroit indiqué.

Ce n'est pas sans peine que nous y arrivons, car tout le long du chemin nos gens ne cessent de répéter : « *Sab*, voulez-vous petits bibis ? voulez-vous gentils bibis ? » Mais nous ne comprenons pas cette expression, qui n'a sans doute *rien que de malhonnête* et nous restons inébranlables, d'autant plus que chacun, nous tirant en même temps de son côté, au risque de nous semer sur la route, nous restons forcément dans le droit chemin (dont il faut éviter de s'écarter, surtout en voyage !)

Bientôt nous arrivons dans un quartier obscur et on nous dépose près d'une grille de bois, derrière laquelle fume un affreux lampion.

Aussitôt apparaît une grosse et épouvantable vieille, enrichie d'une face violette et luisante, qui se campe sur ses hanches en nous voyant, et déclare qu'elle n'ouvrira ses grilles qu'après avoir reçu deux roupies par personne.

« Payez, dit-elle, ou je n'ouvre pas ! » Cette réception inattendue nous fait réfléchir et ne nous inspire qu'une médiocre confiance en l'avenir de notre soirée ; cependant, nous entrons par curiosité, tout en regrettant amèrement la magnificence de nos costumes !

Au premier étage, se trouve une salle qui ressemble aux salons de 100 couverts de Montmorency ou d'Asnières, éclairée par les éternelles lampes d'huile de coco et décorée de quelques chaises de paille trouées qui gisent çà et là.

Cependant, les musiciens nègres, placés sur le balcon, s'évertuent à souffler de toute leur force dans des instruments de cuivre, afin de faire croire aux passants qu'il y a grande fête à l'Académie française !

Peu après, quelques matelots et jockeys anglais entrent
suivis d'atroces...... biches allemandes, aux yeux gonflés;
plusieurs sont ivres mortes. « Voilà » dit madame
Bestel en nous montrant « voilà des *messieurs de Paris*
que je vous présente ; qu'est-ce que vous dites de cela ?
vous allez voir ! ils vont certainement nous chanter la
Marseillaise ! » De sorte que c'est nous qui devions
servir de divertissement !

Cette charmante maîtresse de maison nous supplie de
rester toute la nuit chez elle, assurant que sa soirée va
devenir encore plus amusante; néanmoins, nous nous
empressons de lever la séance. Il fallut pour sortir,
bousculer cette duègne qui se mettait en travers de la
porte.

Oh ! les bals publics de Calcutta ! Aussi bien, étant
très-fatigués de notre journée, commencée à cinq heures
du matin par le laborieux passage de l'Hougli, notre plus
grand désir est d'aller nous coucher au plus tôt.

Hélas ! à peine arrivés dans ma mansarde, je m'aperçus
que ce serait rêver que de vouloir dormir.

En effet, ma chambre, ou plutôt mon alcôve, n'était
séparée de celle de mon voisin que par une cloison
basse, de sorte que nous avions un plafond commun et
que j'entendais tout ce qui se passait chez lui. Or, ce
soir-là, il faisait ripaille avec un de ses amis, et ces deux
Anglais avaient tellement bu, qu'ils chantaient à faire
frémir l'âme de Beethoven dans son tombeau, et dan-
saient des gigues à défoncer le *great eastern hotel.*

Je pris d'abord patience, en songeant à la fragilité des
joies humaines, et espérant que celle-là aussi aurait une
fin ; mais, vers une heure du matin, impatienté, épuisé
de fatigue et ne pouvant fermer l'œil sans être réveillé
en sursaut par le bruit des verres, je me décidai à inter-

venir, au risque de me faire une mauvaise querelle. Une première fois, je priai très-poliment mes voisins de s'amuser un peu moins bruyamment, s'il était possible, mais ils ne tinrent aucun compte de cet avertissement. Ce que voyant, je me fâche, déclarant qu'ils sont insupportables et les vouant à tous les diables de l'enfer. Ils continuent. Furieux, j'entre dans une sainte colère et leur ordonne de se taire, appuyant cette injonction d'un formidable coup de poing dans la cloison, qui me fait un mal affreux. Je ne doute pas que j'aurai un duel le lendemain, mais, du moins, j'espère avoir la nuit sauve.

Il n'en est rien. L'un de mes aimables voisins, armé de sa bouteille, entre en titubant dans ma chambre, me déclare qu'il veut fraterniser avec moi quoique je sois Français, et me supplie d'accepter un verre d'eau-de-vie. — J'avoue que je ne pus résister cette fois à tant de bonne humeur, et je bus de bonne grâce à leur santé.

Néanmoins, cette dernière santé ne leur réussit pas, car ils passèrent de leur gaieté exubérante à une lourde ivresse; ils s'endormirent complètement et je pus enfin prendre un peu de repos. Le bazar de Calcutta est très considérable; c'est tout une ville indoue, absolument indépendante de la première. Contrairement à ce qui s'est passé à Bombay et dans le reste de l'Inde, c'est ici la ville indigène qui s'est greffée sur celle des Anglais.

A Calcutta la physionomie essentiellement originale des natifs tend de plus en plus à disparaître. — Plus de caste, plus de préjugés; il n'est plus question que de commerce. Leurs costumes se rapprochent des nôtres et les marchands oubliant l'indostani avant d'avoir bien appris l'anglais, baragouinent un patois cosmopolite composé de toutes les langues imaginables.

Quand, par exemple, un Français se promène dans le bazar, il est entouré, cerné, poursuivi par une foule de babous, petits marchands qui se précipitent sur lui et le tirent de force par les bras en criant : « Viens chez moi — toi, vas pas chez le voisin, il te volerait, lui fripon ! » Moi parler français — *Sâb-Sâb come in* — Quoi vous demandez ?... Je l'ai, ajoutent-ils, avant d'avoir attendu la réponse. —On entre et l'on ne trouve rien.—*Sâb pictures* — Voulez-vous pictures. — *Vere nice pictures Sâb* » — et ainsi de suite.

Quelque peu disposé à marchander que l'on soit, il est nécessaire de le faire à Calcutta, si l'on ne veut payer quinze ou vingt fois la valeur des objets ; seulement cela demande un temps interminable, et pour acheter la moindre chose on est obligé d'y consacrer tout une journée.

Il faut le dire, si l'architecture indienne est splendide et d'une merveilleuse richesse, les produits de l'industrie sont aussi peu variés que misérables. Ce fait frappe surtout le voyageur qui connaît la Chine et le Japon. Les seules choses, vraiment remarquables, sont les cachemires et des étoffes brochées, d'une grande richesse et aux teintes les plus harmonieuses.

A part cela, on ne trouve guère dans les bazars que des pantoufles dorées, des houkas, des ivoires sculptés, des boîtes de sandal et des dessins sur toile, vifs en couleur, mais qui dénotent la plus complète ignorance des proportions et de la perspective.

Le docteur Moriana, médecin de Chandernagor, dont nous avions fait la connaissance dernièrement, eut la bonté de nous faire visiter plusieurs choses importantes, notamment la Martinière, vaste établissement où l'on élève gratuitement plusieurs centaines d'orphelins.

Cette école, qui a coûté plusieurs millions, a été fon-

dée par un Français, le général Martin. Il avait fait une
fortune énorme, dans le siècle dernier, au service du
roi de Lahore.

On est heureux de rencontrer au loin des hommes
aussi éclairés et aussi complaisants que le docteur Moriana. Grâce à lui, nous avons passé tout une journée de
la manière la plus intéressante, écoutant avidement les
histoires qu'il nous racontait sur l'étrange pays qu'il
habite depuis sa jeunesse.

Ce n'est certes pas lui qui nous a parlé de l'affection et
du respect que l'on professe à son égard à Chandernagor. Mais il n'y a qu'une voix parmi tous ceux qui le
connaissent dans cette colonie française, pour chanter
ses louanges et parler de son dévouement et de son
abnégation.

M. Moriana, entouré comme un sauveur miraculeux,
ne peut faire un pas à Chandernagor sans être suivi par
une foule de malheureux qui viennent implorer ses
soins, et il est vraiment admirable de voir avec quelle
bonté ce savant docteur s'occupe de sa pauvre clientèle,
qui ne peut lui offrir en échange que de la reconnaissance
et des vœux. Ne pouvant obtenir du gouvernement français aucun secours pour établir un hôpital, il a transformé une partie de sa maison en dispensaire et y dis-
tribue gratuitement les remèdes nécessaires aux malades
qui viennent le consulter.

Nous avons visité ensemble le principal hôpital de
Calcutta. On y remarque des exemples d'éléphantiasis et
des scrotum monstrueux. Cette maladie, particulière au
Bengale, faisait autrefois le désespoir des Indous ; mais
aujourd'hui, grâce à l'habileté des chirurgiens européens,
on pratique une excision qui la guérit radicalement.

Il paraît que les indigènes se laissent opérer avec une

grande facilité, et qu'ils sont presque insensibles à la douleur.

Le docteur Moriana croit que le peu d'excitabilité de leur système nerveux est dû à la nourriture végétale dont ils usent, et à la fraîcheur du sang qu'elle entretient.

Une des *great attraction* de Calcutta est son fameux jardin botanique, qui faisait l'admiration de Jacquemont. On s'y promènerait des heures entières en voiture sans parvenir à en traverser toutes les parties. Vous y trouvez des spécimens de toutes les plantes imaginables rangées dans l'ordre le plus parfait; néanmoins, je préfère le fouillis des forêts vierges.

On y remarque encore des palmiers de toutes les espèces, des pandanus magnifiques, toutes les familles les plus aristocratiques en fait d'yucas, de drœœnas, de bambous, de tamarins et autres plantes tropicales; mais la seule plante vraiment extraordinaire que nous ayions vue, et qui est introuvable dans l'Amérique du Sud, c'est le figuier des Banians. Cet arbre étrange laisse tomber verticalement de ses branches des rameaux en forme de lianes qui prennent racine, grossissent rapidement et forment bientôt autant de nouveaux troncs. Ceux-ci à leur tour produisent d'autres branches, et ainsi de suite; de sorte qu'un seul arbre forme, au bout d'un certain temps, toute une petite forêt. Au premier abord, on se croit entouré de plusieurs centaines d'arbres de même espèce, mais en observant avec plus d'attention, on reconnaît qu'ils sont tous reliés entre eux ainsi que je viens de le dire. L'un d'eux s'est tellement multiplié, que tout un régiment pourrait camper à l'ombre de ses rejetons.

Le soir de cette journée, déjà bien remplie, nous allâmes chez le gouverneur général, Sir John Lawrence, qui, après un somptueux repas, nous fit remettre une collec-

tion de lettres de recommandations pour les villes de
l'Ouest, vers lesquelles nous allions nous diriger.

Vers dix heures, il y eut grand bal et nous eûmes le
plaisir d'y voir le *High life* de Calcutta réuni au grand
complet.

Quelques radjas, autrefois riches et puissants, y figu-
raient tristement, osant à peine lever les yeux, et saluant
avec un profond respect les plus jeunes officiers qui passaient dédaigneusement devant eux.

D'ailleurs, rien de bien saillant à citer dans ce bal offi-
ciel ; beaucoup d'uniformes, beaucoup de vins, un nombre considérable de figures amaigries et décolorées; enfin
pas mal de *flirtation*, à demi-cachées derrière les colonnades extérieures qui entourent la salle de bal, et que
j'observais discrètement. Quant au souper, il se distinguait par un déluge de champagne et surtout par d'énormes blocs de glace jonchés de fleurs, que l'on avait placé
en différents points de la table, afin de rafraichir l'air.

Ce genre de surtout a d'ailleurs été adopté en Angleterre et fait un charmant effet.

Cette fête nous retint cependant jusqu'à trois heures
et demie du matin, et après une heure de sommeil, nous
quittions *Great-Eastern-Hôtel* pour nous rendre à Chandernagor.

Cette petite ville française, située sur l'un des bords de
l'Hougly, ne manque pas de grâce et ressemble un peu à
la partie neuve de Dieppe. Un quai assez vaste sert de
promenade et l'on y rencontre les autorités : le gouverneur, le curé, le percepteur et autres gens considérables.

La campagne voisine est on ne peut plus élégante,
ainsi, du reste, que tout le pays que nous avions traversé
depuis Calcutta. Autant le reste de l'Inde est triste, monotone et dénué de végétation, autant le Bengale est

splendide. Partout des forêts de palmiers, des bouquets de bananiers, des lataniers gigantesques ; enfin, la végétation tropicale s'y déploie dans toute sa magnificence.

Malgré ces avantages, Chandernagor, dénué de tout commerce, coûte plus à la France qu'il ne lui rapporte. Cette colonie n'est pas seulement inutile, elle est négative ; l'on ne peut en parler sans rire, et, franchement, il vaudrait mieux en retirer quelque argent en la vendant aux Anglais que de les voir s'en emparer de force à la première occasion. Il paraît que dès aujourd'hui, les officiers de l'armée des Indes ne se gênent pas pour faire passer leurs troupes sur notre territoire sans en demander l'autorisation au gouverneur.

Que doivent penser les habitants de l'immense ville de Calcutta en voyant l'acharnement avec lequel nous te nons à ce misérable et ridicule petit village ?

CHAPITRE X

Le 12, nous partions pour Bénarès, bien heureux en songeant que nous allions y arriver en trente-six heures de chemin de fer, tandis qu'autrefois, il fallait un voyage de deux mois sur une route fatigante et ennuyeuse.

Nous eûmes la chance de trouver un wagon entièrement libre où nous étalâmes nos lits, nos malles et nos effets, comme dans une chambre d'hôtel. Finissant même par croire qu'il nous appartenait, nous reçûmes plus que froidement un voyageur qui vint réclamer sa place. Cependant, comme en ce monde rien n'arrive ainsi qu'on le prévoit, il se trouva que ce gentleman était un homme des plus aimables. Il nous fit passer le temps d'une manière charmante et nous raconta mille histoires sur le pays. Chaque chose qui se présentait le long de la route était pour lui matière à anecdotes. C'est ainsi qu'il nous fit remarquer une maison de campagne appartenant à un certain M. Hastings qui tient essentiellement à ce que les gens du voisinage ne le nomment jamais sans lui donner son titre *d'honorable*. Par malheur, les Indous, qui ont beaucoup de peine à prononcer l'anglais, au lieu de dire : « Honorable Hastings *Sâb* » l'appelaient « Horrible stink *Sâb*, » ce qui signifie « horrible monsieur puant ! »

Le 13, jour néfaste, fut pour nous un jour heureux, car ce fut celui de notre arrivée à Bénarès, la ville Sainte.

Calcutta est la capitale de l'Inde anglaise. Dehli était autrefois celle des Musulmans et de l'empire Mogol, mais Bénarès est toujours resté la capitale des Indous.

Cette dernière est incontestablement la ville la plus curieuse de l'Inde et peut-être du monde entier.

Il est à remarquer à ce propos que les trois pays que je viens de nommer, quoique superposés sur le même territoire sont aussi distincts que pourraient l'être l'Angleterre, l'Inde et la Perse placés l'un au-dessus de l'autre et n'ayant de commun que leurs limites géographiques.

Après avoir traversé le Gange sur un pont de bateaux, nous envoyons nos bagages au bungalow, situé dans un désert à une lieue de là, et nous nous précipitons au centre de la ville, avides de nous enivrer de son étrange couleur locale.

Bénarès est un fouillis inextricable de palais, de temples, de mosquées, de boutiques, d'escaliers et de ruelles encaissées, étroites et à demi-recouvertes par de larges auvents ; on croit descendre dans un puits et l'on arrive sur la terrasse d'une maison. On monte des centaines de marches, et l'on se trouve dans une cave. Tout y est invraisemblable, à la fois magnifique et affreux, absurde et artistique, riche et misérable; on ne peut rien concevoir de plus bizarre.

À chaque pas l'on rencontre des fakirs nus, couverts de cendres, les cheveux rouges et hérissés. Ces fanatiques sont venus en pélerinage des pays les plus éloignés afin de se baigner dans les eaux du Gange, ce dont ils ont en effet grand besoin.

Une quantité de bœufs à bosse se promènent en maîtres dans les rues. Ce sont des bœufs sacrés; malheur à qui leur manquerait de respect; il courrait grand risque d'être assassiné. Un fait curieux, c'est que ces animaux paraissent eux-mêmes infatués de leur dignité: on dirait des hommes d'Etat ! Lorsqu'ils daignent se promener dans les rues, ils prennent le haut du pavé et bousculent impitoyablement les gens qu'ils rencontrent. Souvent ils pénètrent dans des boutiques et y mangent ce qu'ils trouvent à leur convenance, sans que les marchands osent les en empêcher.

On les voit surtout dans les temples, où ils se nourrissent de fleurs et de plantes aromatiques que les fidèles offrent aux idoles.

Mais, *proh pudor !* lorsque ces bœufs saturés d'eau bénite...... arrosent la terre de flots dorés, pour y répandre des richesses nouvelles, les brahmes se précipitent sous leur auguste personne, et se couvrent les mains de cette matière divine.

Les dévots font quelquefois un effroyable mélange appelé *pantchá-gavia*, avec du lait, du beurre, du fromage, de la fiente de vache et le liquide dont je viens de parler. Ils prétendent obtenir ainsi la quintessence de la vache, c'est-à-dire l'esprit de Vischnou, et ils l'adorent

comme un dieu particulier. Dans les ceremonies importantes, ils en avalent une honnête quantité, ce qui a le
privilége d'effacer leurs péchés.

Les temples de Bénarès ont tous la forme classique
d'une mitre d'évêque, et sont flanqués de quatre dômes
semblables un peu plus petits. La plupart sont construits
en pierre grise, savonneuse et sculptée avec le plus grand
soin.

Le principal temple de la ville est entièrement revêtu
de plaques d'or et de riches ornements. Les Anglais
l'appellent le *Gold temple*. Ses dômes abritent des
idoles de marbre que les fidèles inondent sans cesse
d'une pluie de fleurs.

Ce temple étant dédié à Vischnou, on en voit l'image
de tous côtés, sous la forme de statues, de bas-reliefs et
de linghams humectés d'huile bénite.

En pénétrant dans la cour de ce monument, des
brahmes nous avaient mis autour du cou des guirlandes
de soucis tressées avec beaucoup d'art. Or, les bœufs sacrés, très-friands de cette fleur, s'approchèrent de nous
familièrement, et nous firent l'honneur de les manger sur
notre épaule, à la grande satisfaction des assistants.

Le dôme principal de cet édifice est soutenu par une
élégante colonnade et renferme un énorme lingham à
demi-caché sous des monceaux de fleurs; c'est le saint
des saints. Par une faveur toute spéciale, on nous permit
de l'approcher, mais en nous maintenant toutefois à une
distance respectueuse.

Ce temple, aussi étrange que riche, est malheureusement enfoui au milieu d'une foule de maisons, de cabanes
et d'échoppes qui empêchent d'en distinguer l'ensemble,
et même de l'apercevoir avant d'y entrer.

Ce n'est pas seulement dans les temples que l'on voit

des dieux de pierre ; les rues en sont remplies. Devant
presque toutes les maisons, se trouvent, en place de bornes, des *Gonnpoutis* ou des *Dourgapouja,* plus ou moins
monstrueux, et toujours couverts d'huile ou d'eau bénite.

Nous passions ainsi nos journées à circuler dans la ville,
regardant tout, croyant rêver, et ne pouvant nous rassasier du spectacle toujours varié qui nous entourait.

Le soir, nous reprenions terre au bungalow situé dans
le camp anglais, et là, rien ne nous rappelait plus l'Inde,
si ce n'est le riz au carry et la chaleur qui nous accablait
sans aucune compensation.

Cet établissement, décoré du nom de Victoria-Hôtel,
est un peu supérieur aux caravansérails que l'on rencontre dans l'intérieur du pays, et mérite presque le
titre d'auberge.

Le jour de notre arrivée, un individu assez singulier
se présenta chez nous et demanda si nous voulions
le prendre comme guide. Il avait un pantalon bleu
rapiécé de noir, une tunique à brandebourgs d'officier, beaucoup trop courte pour lui et un énorme
topi qui lui couvrait la tête jusqu'aux épaules. Dans
ce costume, il n'était qu'étrange, mais lorsqu'il en-
leva son gigantesque casque, il laissa voir une tête aussi
épouvantable qu'effrayante pour un physionomiste. Sa
longue figure osseuse et creusée était grêlée comme un
écumoire, et semblait n'avoir jamais souri. Sa bouche était
fendue comme celle des ânes de Montmorency, et ses larges
oreilles ressortaient en rouge sur ses cheveux coupés ras.
En un mot, il réalisait l'idéal de la laideur humaine, ce
qui n'est pas peu dire.

Cet homme, né sur je ne sais quel bateau, ne connaissait pas sa nationalité, mais se croyait Anglais et répon-
dait au nom de Georges.

Au premier abord, malgré ses excellents certificats, il nous fit l'effet d'un déserteur ou de quelque échappé de prison; toutefois nous l'interrogeâmes par curiosité et ses explications (dont nous avons depuis contrôlé la parfaite exactitude), nous intéressèrent beaucoup en sa faveur.

Georges, malgré son piteux extérieur, était fort instruit, il parlait anglais, français, indostani, bengali et italien (quelquefois même le tout en même temps). Il connaissait les éléments d'algèbre jusqu'aux équations du second degré, avait été attaché en qualité d'écrivain à la Banque de Calcutta, puis avait attrapé un coup de soleil qui l'avait rendu à moitié sourd et lui avait fait perdre la mémoire. Voyant qu'il ne servait plus à grand chose, ses chefs le mirent charitablement à la porte. Un voyageur l'emmena alors avec lui en qualité d'interprète, et le planta là, sans secours, aux environs d'Agra.

Dénué de tout, il traversa le Radjapoutana à pied, et vivant d'aumônes. Il se rendit ainsi à Bombay où il espérait se faire rapatrier, au moins en s'embarquant comme mousse; mais je ne sais quelles vicissitudes le conduisirent à Bénarès où il mourait de faim.

Or, comme je cherchais depuis longtemps un homme parlant français et indostani, je pris ce pauvre diable à mon service malgré sa surdité, et j'en fus parfaitement satisfait. Cet homme actif, dévoué, intelligent et d'une parfaite honnêteté, m'a rendu de vrais services durant tout le cours de mon voyage aux Indes et m'a prouvé une fois de plus, combien il fallait éviter de juger les gens sur la mine. Jamais la physiognomonie n'a été plus en défaut.

Dès le lendemain de son engagement, Georges commença ses fonctions de cicerone et nous fit voir plusieurs choses remarquables, entre autres le fameux temple des singes.

Ce temple, construit comme ceux que j'ai déjà décrits, est spécialement destiné à adorer le dieu singe.

En outre des idoles variées qui le représentent, on élève six cents de ces quadrumanes, auxquels les Indous prodiguent les plus grands égards et une nourriture qu'ils se refusent à eux-mêmes.

Suivant l'usage, et pour payer notre écot, nous distribuâmes un panier de graines à ces animaux qui se précipitèrent aussitôt de tous les coins et envahirent complètement la cour où nous étions.

Les singes sont devenus sacrés aux Indes depuis qu'ils ont si vaillamment combattu avec les Indous dans la guerre de Ceylan. Ce sont eux qui, inspirés par Brahma, ont construit un pont sur la mer et ont ainsi rendu si facile la conquête de cette île.

Aujourd'hui les singes se rendent moins utiles, car ils dévastent toutes les maisons voisines de leur temple et les habitants font une pétition pour les faire transporter respectueusement au milieu de la campagne. Le Radja de Madras, notamment, s'en plaint amèrement, car ces petits monstres n'ont pas de plus grand plaisir que d'arracher toutes les tuiles de son palais chaque fois que l'on a fini de le recouvrir.

Mais les Anglais jugent impolitiques de se mêler d'une affaire aussi grave, et les Indous ne s'étonnent jamais que l'on s'en tienne au *statu quo*.

C'est de grand matin que nous fîmes cette visite au temple des singes, car nous tenions à descendre le Gange au moment où les Indous y font leurs ablutions, c'est-à-dire un peu après le lever du soleil.

Vers huit heures, en effet, nous prenions une barque en

chargeant le batelier de nous faire longer la ville dans toute sa longueur. Rien ne peut donner l'idée du spectacle qu'elle présente vue de large.

Les bords du fleuve sont entièrement garnis d'immenses escaliers et de terrasses appelés *ghauts*, qui se perdent entre une foule de temples et de palais gigantesques, échelonnés les uns au-dessus des autres. Les radjas les plus opulents tiennent à honneur d'édifier et d'entretenir dans la ville sainte ces monuments qui rivalisent entre eux de magnificence. Je citerai particulièrement le palais du Maha-Radja de Bénarès, avec ses vingt-quatre tours qui se baignent dans le Gange, celui du Radja de Madras et celui du Radja de Nagpour, construit en pierres roses du plus merveilleux effet.

Les ghauts sont envahis par une quantité innombrable de pèlerins venus des pays les plus éloignés pour se baigner dans les eaux du fleuve sacré, où ils espèrent trouver une vie nouvelle. Une partie d'entre eux s'y plongent déjà avec délices. Il est assez curieux d'observer l'habileté avec laquelle les femmes se déshabillent, au fur et à mesure qu'elles descendent dans l'eau, sans jamais se laisser voir par aucun œil indiscret.

De tous côtés, des brahmes en prière sont prosternés sur de petites jetées en bois, abritées du soleil par d'immenses parasols de paille. Ils se baissent sans cesse pour remplir d'eau des vases d'airain, qu'ils versent ensuite goutte à goutte sur leur tête en récitant des oraisons. Les fakirs, barbouillés de cendres, se jettent dans le Gange avec une ardente volupté. Ensuite, ils exécutent une série de génuflexions et de contorsions indescriptibles. Les cabrioles des singes que nous venions de visiter n'étaient rien à côté de celles auxquelles se livraient ces fanatiques dans leurs cérémonies, que l'on peut appeler à juste titre

BÉNARÈS

exercices religieux. Si les dieux des Indous considèrent la haute gymnastique comme une grande vertu, certes ils doivent être satisfaits de la piété des brahmes de Bénarès.

Il ne faut pas croire que cette grossière idolâtrie soit la religion des brahmes et des gens éclairés de l'Inde ; elle est exclusivement le partage du peuple. Le brahmisme primitivement spiritualiste s'est matérialisé petit à petit en traversant les siècles, mais les brahmes éclairés ont conservé, avec leurs livres saints, leur morale dans toute sa pureté. Ces philosophes, loin d'être idolâtres, sont en réalité de purs déistes. Pour donner une idée de l'élévation de leur théologie, je citerai cette magnifique définition de Dieu que l'on trouve dans les *Védas* : « Dieu est celui qui fut toujours ; il créa tout ce qui existe ; une sphère parfaite sans commencement ni fin est sa faible image. Dieu anime et gouverne toute la création par la providence générale de ses principes invariables et éternels. Ne sonde pas la nature de l'existence de celui qui fut toujours : cette recherche est vaine et criminelle. C'est assez que jour par jour, et nuit par nuit, ses ouvrages t'annoncent sa sagesse, sa puissance et sa miséricorde ; tâche d'en profiter. »

A la vérité, les brahmes prêchent le paganisme et le pratiquent publiquement, mais ils le font parce qu'ils croient le peuple incapable de comprendre une religion plus élevée. Voici une formule qui me parait de nature à bien faire comprendre leurs idées à ce sujet ; c'est celle qu'ils adressent à leurs enfants au moment de leur initiation dans la caste brahmanique, lors de l'investiture du triple cordon :

« Souviens-toi, mon fils, qu'il n'y a qu'un seul Dieu maître et principe de toutes choses ; que tout brahme doit l'adorer en secret: mais sache aussi que c'est un mystère, qui ne doit jamais être révélé au stupide vulgaire : si tu le faisais, il t'arriverait de grands malheurs. »

Un peu après la partie des ghauts où l'on fait les ablutions, se trouve une vaste berge d'où s'échappe une épaisse fumée. On y brûle des morts sur des bûchers qu'une foule de parents alimentent sans cesse. Enveloppés dans des linceuls blancs, les cadavres se consument à petit feu, et leurs cendres disparaîtront bientôt elles-mêmes dans les eaux du Gange. Morts sur une terre sainte, les derniers moments des défunts ont été heureux, convaincus qu'ils étaient de passer directement dans le nirvana.

La crémation a de grands avantages, puisqu'elle soustrait les corps à l'horrible décomposition qui les attend infailliblement en Europe; mais il ne faut pas la voir de trop près. Lorsque le crâne échauffé par les flammes craque et s'entrouvre, le spectacle qui s'offre à la vue des assistants est vraiment effroyable et laisse dans leur esprit une source de cauchemar qui ne saurait s'effacer. — Autrefois, les veuves se jetaient elles-mêmes sur le bûcher de leurs maris et ce sacrifice appelé *sutti* faisait le plus grand honneur à leur mémoire et à leurs familles, dans l'esprit du public.

Je n'ai pas eu le malheur d'assister à cet abominable et stupide sacrifice, car les Anglais l'ont défendu sous les peines les plus sévères, et maintenant on n'en cite que de très-rares exemples.

Je crois que jamais les femmes indoues ne se sont brûlées librement, mais les mœurs, les habitudes de leur pays les y contraignaient moralement, et elles ne pouvaient s'y soustraire sans s'exposer à supporter une vie mille fois plus pénible que la mort. De fait, on leur disait : « Jetez vous dans ce bûcher, vous gagnerez le nirvana et tous vous vénéreront comme une sainte ; ne le faites pas, et vous serez méprisée, huée, repoussée par tous, choisissez ! » Souvent alors elles preféraient la mort, et le fanatisme ou je ne sais quels anesthésiques les rendaient immobiles au milieu des flammes.

D'après la statistique de l'abbé Dubois, on comptait, certaines années, jusqu'à sept cents victimes de cet affreux usage, dans la seule présidence du Bengale.

Aujourd'hui, je le répète, les Anglais y ont mis bon ordre, et quoiqu'ils laissent les Indous vivre à leur guise, ils pendent haut et court tous ceux qui sont convaincus d'avoir prêté les mains à un *sutti*, à un sacrifice humain ou à tout autre pratique thuggiste.

Ce qui m'étonne, c'est qu'ils tolèrent encore les monstrueuses processions de Kali, où cette déesse du crime est portée en triomphe avec son cortége de poignards, de têtes coupées et de cadavres ensanglantés. Ces horreurs, quoique simulées, ne peuvent pas engendrer des sentiments bien nobles chez une foule aussi idiote qu'enthousiaste.

Pour en revenir à Bénarès, je ne sais si j'ai pu donner une idée du panorama qui se déroulait à nos yeux durant toute notre promenade nautique. Je n'ai pu décrire qu'isolément quelques-uns des mille objets qui m'avaient frappés, mais pour se les représenter, il faudrait avoir vu ces différentes scènes se passer en même temps, ces ghauts couverts d'une foule affolée, ce mouvement indescriptible, les vêtements de soie et d'or des brahmes, les guenilles des parias, l'air féroce des fakirs, l'attitude calme des bœufs sacrés, et au second plan, des temples et des palais innombrables entassés pêle-mêle, le tout éclairé par un soleil tropical se détachant sur le beau ciel de l'Orient.

Ce spectacle est féerique et enivrant. Celui qui n'a pas vu Bénarès n'a pas vécu. Dussiez-vous gagner les bords du Gange en rampant sur les genoux, faites-le, vous ne le regretterez pas.

Au sud de la ville, et sur le point le plus élevé, se dresse l'orgueilleuse mosquée des musulmans, dont les minarets s'élancent jusque dans les nuages.

Malgré la chaleur toujours croissante, nous escaladons successivement les ghauts, le perron de la mosquée, une suite interminable d'escaliers, et parvenons enfin au bas de l'un de ses minarets. L'échelle de pierre qui s'y trouve ne nous effraye pas, et, quoique très-fatigués, nous entreprenons encore son ascension; mais au sommet nous sommes payés de nos peines par une vue splendide.

Du côté du Gange, nous voyons les ghauts dans leur ensemble, tandis que toute la ville se déroule autour de nous, et nos regards plongent verticalement sur les toits disposés en terrasses, où les habitants prennent le frais, ou plutôt le soleil.

Oubliant notre observatoire, ils se croient seuls chez eux et exécutent librement mille scènes de famille. Les uns fument mollement étendus sur des nattes, d'autres jouent de la mandoline; il en est qui étendent et font sécher leur linge; des brahmes, assis sur leurs talons, disent leur chapelet; des bayadères étudient des poses plastiques, et des femmes presque nues, ou plutôt recouvertes de leur abondante chevelure, chantent ou rient lorsqu'elles ne donnent pas le fouet à leurs enfants.

Enfin, le Gange, large d'environ deux milles, s'étale à perte de vue au milieu des campagnes environnantes; il forme, par sa majestueuse tranquillité, une opposition pénible à constater avec l'agitation insensée des hommes qui occupent ses bords. Nous aurions voulu passer des journées et des nuits sur le sommet de ce minaret en regardant sans cesse ce merveilleux panorama, mais le temps nous entraînait malgré nous.

Redescendus dans la ville, nous fîmes une promenade étourdissante à travers une série de ruelles étroites, montant, descendant, tournant et nous retrouvant aux mêmes points, sans pouvoir avancer.

Georges finit enfin par découvrir des apparences de chevaux qui nous ramenèrent là notre bungalow, où nous désirions vivement faire la sieste.

A peine endormis, nous sommes assaillis par une quantité de colporteurs, prestidigitateurs, charmeurs de serpents, etc. Ces derniers veulent à toute force nous vendre des graines qui sont, disent-ils, des talismans merveilleux contre la morsure des serpents.

D'autres transforment par la vertu de Vischnou des racines en plantes couvertes de fleurs et de fruits.

Des marchands nous présentent des choses assez curieuses, notamment des miniatures sur ivoire d'une grande finesse, des houkas richement ornés et des boîtes en bois de sandal sculptées. J'en ai rapporté une qui prouve la patience inépuisable et le bon marché de la main-d'œuvre des ouvriers indous.

Cette boîte a la grandeur d'un petit œuf et en renferme vingt autres, toutes admirablement conditionnées. Les dernières sont si délicates qu'on ne peut les ouvrir qu'avec des aiguilles, et cependant elles sont faites avec le même soin que les précédentes. Ce charmant joujou m'a coûté trois annas, c'est-à-dire cinquante centimes.

Généralement, les marchands se gardent bien de montrer de suite ce qu'ils ont de mieux, et ils commencent

8

par demander un prix exorbitant de toutes choses, de
sorte qu'il faut une moitié de la journée pour parvenir
à voir ce qu'ils ont, et l'autre pour obtenir un prix qui
descend souvent au cinquième de ce qu'ils demandaient
d'abord.

Dans l'après-midi, nous allâmes au camp anglais, faire
visite et porter nos lettres de recommandation à
M. Shakespeare. Ce premier fonctionnaire de la province de Bénarès se contente du titre modeste de *commissioner*, quoiqu'il dispose en roi de l'existence de millions d'hommes. Il y a loin de là aux titres pompeux que
l'on s'administre gratuitement en Espagne et ailleurs.

M. Shakespeare nous accueillit admirablement, ou
plutôt nous accueillit à la manière anglaise, ce qui est
tout dire. Il écrivit, séance tenante, au Maha-Radja de
Bénarès, afin qu'il nous reçût le lendemain avec les
honneurs auxquels nous n'avions aucun droit et, le soir
même, il nous garda à dîner et nous présenta à toute
son aimable famille.

Si je suis intarissable sur l'hospitalité anglaise, dont la
magnificence et la cordialité ne s'est démentie nulle
part durant tout notre voyage, je me réserve le droit de
m'étonner du peu d'intérêt que les Anglais professent
dans toutes les parties de l'Inde pour tout ce qui est
indigène.

Figurez-vous, qu'il y avait chez M. Shakespeare
plusieurs personnes habitant le camp depuis près d'un an,
et qui n'avaient pas même encore songé à visiter Bénarès !

Quant à nous, non contents des heures que nous avions
passées dans cette ville pendant la journée, nous y
retournâmes encore le soir.

A vrai dire, les villes indoues sont trop silencieuses la
nuit. A partir de huit heures, toutes les boutiques sont

fermées, chacun se couche, et comme il n'y a pas d'éclairage public, on ne peut guère se guider qu'à la lueur de
sa lanterne.

De loin en loin, quelques lampes fumeuses d'huile de
cocos annoncent cependant l'existence d'un être humain.

Guidés par des chants et des sons de harpes, qui
résonnent au milieu du silence général, nous nous
approchons de la maison d'où ils proviennent. Une
femme y chante accompagnée par plusieurs musiciens
groupés en cercle autour d'elle. Tous sont assis par terre
et, sans s'interrompre, nous invitent d'un geste à nous
placer près d'eux. Leurs mélodies étaient monotones,
mais douces et voluptueuses. Si l'on veut donner le nom
de musique à ces notes plaintives et prolongées, certes,
à notre point de vue, cette musique est très mauvaise;
mais ces notes, tirées d'un même accord tonique, constituent un art particulier, sans nom en Europe, qui,
agissant sur les nerfs, vous fascine et vous charme. Ne
peut-on se passer quelquefois de la science? Le vin n'est
pas savant, et pourtant il enivre.

Les sons indous doivent être écoutés sous le soleil de
l'Orient et dans le silence le plus profond — il faut savoir en deviner le sens, comme le fumeur sait lire dans
les spirales de sa fumée.

Nos musiciens indous avaient assurément du talent,
mais nous n'en fûmes que plus étonnés de les entendre se proclamer naïvement les meilleurs artistes de
l'univers !

La fin de ce concert fut interrompue par un tapage
infernal, détonations de pétards, coups de grosse caisse,
fusées, etc., c'était un mariage.

En tête, marchaient des hommes armés de torches et
de feux de Bengale, puis des joueurs de hautbois et de

cymbales et enfin les parents du futur, chargés des cadeaux qu'ils allaient porter à sa fiancée.

Tous ces gens, dans leurs habits de fête, seuls, éclairés
au milieu des rues désertes et de l'obscurité, produisaient
un spectacle fantastique. Malheureusement ils passèrent
vite, et le bruit de cette fête s'éteignit dans le lointain
comme le souvenir d'un rêve.

Le lendemain, au point du jour, le Maha-Radja de
Bénarès nous envoya sa voiture, en nous faisant dire,
qu'averti par le gouverneur de notre arrivée, il serait
heureux de nous donner audience le jour même.

Nous nous habillons donc en toute hâte et partons.
Après une promenade d'une heure à l'air frais du matin,
nous atteignons la partie du Gange en face de laquelle
s'élève le magnifique palais du Maha-Radja entouré de fortifications et de ses vingt-quatre tours. Là, les porteurs de
Son Altesse nous attendent avec des palanquins artistement décorés, et nous font traverser à pied sec la partie
marécageuse du fleuve. Puis nous montons dans un petit
bateau au centre duquel se trouve une roue à aubes destinée à remplacer les rames. Quatre hommes aux bras
nerveux la font tourner, et nous gagnons le large en admirant dans le lointain Bénarès et ses dômes pointus enveloppés dans un nuage mystérieux et dorés par les rayons
du soleil levant.

En débarquant nous sommes reçus par des officiers
que le Maha-Radja avait envoyés au-devant de nous. Ils
nous font de profonds salams et nous escortent jusqu'au
palais situé à une centaine de pas du rivage.

Nous faisons ce trajet en grande pompe, sur un éléphant richement caparaçonné et recouvert de drap d'or.
Un interprète nous suit à cheval, et un page, armé d'un
immense parasol rouge, doit nous abriter du soleil. Tant

que nous sommes tranquillement installés sur le dos de
notre éléphant, sa mission est facile ; mais bientôt son
embarras deviendra extrême, ainsi qu'on le verra plus
loin.

En effet, à peine arrivés dans l'enceinte des fortifications, peu soucieux de l'étiquette orientale, nous des-
cendons de nos éléphants et nous promenons comme de
simples mortels, afin de voir de près les différentes façades et l'architecture du palais.

Ici, ce sont des parterres de fleurs éblouissantes, là des
statues bizarres ou des cages renfermant des bêtes féroces. On nous montre, entre autres, un tigre qui avait
mangé quatorze personnes dans les environs, et que l'on
avait fini par prendre dans un piége.

Cette promenade vagabonde dans les cours du palais
renverse toutes les idées de notre escorte sur l'importance de nos personnes, et nous passons dès-lors à leurs
yeux pour des gens de fort peu de valeur. Plusieurs officiers répriment un sourire, mais le plus désappointé est
le malheureux page qui s'essouffle à nous poursuivre
partout avec son parasol. En vain il s'évertue à le placer
toujours au-dessus de nos têtes pour remplir conscien-
sement sa mission, et lorsque nous nous séparons, son
embarras devient des plus comiques; le pauvre diable
s'épuise à courir de l'un à l'autre, cherchant à distinguer
le personnage le plus considérable afin de l'abriter. Il fait
peine à voir, et nous mettons fin à son supplice en nous
arrêtant sous le péristyle principal.

Au bas d'un vaste escalier, se tient un Indou qui nous
accueille de l'air le plus gracieux. Sa physionomie est
avenante et sympathique, si toutefois il nous est possible
d'en juger par la moitié de sa figure, l'autre étant cachée
sous une épaisse moustache grise. Il porte une longue

robe de cachemire richement brodée, un large turban de même étoffe, des pantalons de soie violette rayée de blanc, et des pantoufles de drap d'or. C'est Son Altesse le Maha-Radja, ancien roi de Bénarès. Les Anglais lui font une pension de deux millions de roupies, en échange du royaume dont il a dû céder la souveraineté.

Après nous avoir serré cordialement les mains, il nous conduisit dans la principale galerie de réception de son palais.

Cette salle, très-vaste, est percée d'une double rangée de fenêtres en vitraux coloriés, qui donnent sur un beau balcon suspendu au-dessus du Gange.

Des nattes tressées avec des plantes aromatiques sont suspendues devant les fenêtres ouvertes, de façon à intercepter les rayons du soleil, et comme on les humecte fréquemment, elles ne laissent pénétrer dans les appartements qu'un air rafraîchi et parfumé.

Au bout d'un instant, notre hôte s'assit sur une espèce de trône, et nous plaça à ses côtés, demandant ce qui nous intéressait le plus dans l'Inde et ce qu'il pouvait faire pour nous.

Malheureusement cette conversation ne pouvait se faire que par l'intermédiaire d'un interprète, ce qui en détruisait toute la couleur et devint si fatigant qu'il nous fallut y couper court assez rapidement.

Une quarantaine de courtisans, revêtus de leurs magnifiques costumes de soie, étaient placés en demi-cercle autour du trône, et nous étions assez embarrassés de nos vêtements grotesques qui nous donnaient l'air de vrais barbares, et n'étaient assurément pas relevés par le charme de notre conversation.

Au bout d'un instant, des musiciens vinrent se placer

à nos pieds et nous firent entendre de ces airs doux et agréables quoique monotones, dont j'ai déjà parlé.

L'un d'eux, cependant, exécuta des variations très brillantes sur une cithare à deux caisses, et produisit des effets de sonorité remarquables, mais sans jamais sortir de la tonique. Notre carnaval de Venise peut donner une idée de ce genre de musique. — L'air que j'ai transcrit ci-après est un de ceux qui, par leur langueur, plaisent le plus aux Indous.

Pendant que ces artistes s'escrimaient ainsi, le Radja nous fit voir une collection d'armes des plus remarquables, que l'on apportait successivement sur des coussins de velours. Il y avait des sabres, des poignards et des kriss aux lames flamboyantes, dont les poignées d'or étaient incrustées de diamants et autres pierres précieuses.

Suivant l'usage oriental, le Radja nous fit fumer d'immenses narghilés, appelés houka, dont les tuyaux ornés de perles, avaient les dimensions d'une corde à puits.

Je ne sais si nous avions grand air en face de ces majestueux appareils, mais nous ne dissimulions qu'avec peine nos efforts pour faire le vide dans ces tubes gigantesques. Je crois, en vérité, que l'étude de l'ophicléide est une volupté comparativement à celle du houka.

Enfin, comme aux Indes il n'y a pas de bonne fête sans natchs, des bayadères s'approchèrent à leur tour et dansèrent leurs pas les plus lascifs.

A vrai dire, ce furent les seules femmes vraiment jolies que j'aie vues dans l'Inde. L'une d'elles surtout, avec ses grands yeux noirs, l'ovale admirable de sa figure et sa démarche langoureuse, était merveilleusement belle.

De longues grappes de perles tombaient sur son front et encadraient son visage; quant à son costume, il réunissait tout ce que l'on peut concevoir en fait de richesse, d'élégance et de bon goût.

Une autre avait un petit air mutin et espiègle des plus agaçants, et je vous assure qu'elle ne paraissait guère intimidée devant son seigneur et maître; je dois même dire qu'elle lui adressait fréquemment certains sourires qui annonçaient que les meilleurs rapports régnaient entre eux.

En revanche, elles se moquaient franchement de nous, de nos costumes ridicules, des efforts infructueux que nous faisions pour fumer nos houkas, et de la toux que cet exercice provoquait sur nous.

Au bout de deux bonnes heures, nous comprîmes que l'on avait épuisé la série de divertissements préparés à notre intention, et nous jugeâmes convenable de lever la séance. Alors le Maha-Radja nous aspergea de parfum et mit au cou de chacun de nous un collier en étoffe d'or et d'argent, nous priant de garder cette décoration en souvenir de lui.

Nous revînmes en suivant exactement le même chemin, montant successivement sur l'éléphant, dans le bateau à aubes, les palanquins et la splendide voiture qui nous attendait sur la rive gauche du Gange.

Dans l'après-midi, le Maha-Radja nous envoya des éléphants, couverts de leurs plus beaux ornements, afin de nous faire faire une promenade d'apparat dans la ville.

Il était vraiment curieux de voir le soin avec lequel ces colosses s'avançaient dans les ruelles du bazar, mesurant chaque pas, et ne posant un pied qu'après avoir acquis la certitude qu'ils n'écraseraient personne.

Malgré cela, les passants se collent contre les murs dès qu'ils nous aperçoivent, et les rues sont si étroites, que, sans y prendre garde, nous écornons de temps en temps un toit, un auvent ou un balcon.

Le dos de nos éléphants constitue un observatoire encore meilleur que le minaret de la grande mosquée, car il nous permet de plonger directement les regards dans le fond des maisons, au grand désespoir des habitants, et nous y voyons des scènes d'intérieur des plus attrayantes.

Quant à nos bons éléphants, tout en marchant d'un air indifférent, ils ne cessent de faire rouler leurs petits yeux de tous côtés, et balayent de leurs trompes tout ce qu'ils aperçoivent en fait de fruits et de comestibles mal gardés. Chemin faisant, nous entendons un grand bruit de tam-tam et de tarabouks; c'est une procession de fakirs se dirigeant vers le Gange. En nous voyant, elle se précipite et nous environne, ce qui nous permet de voir de près une affreuse collection d'hommes immondes, hâves, horribles et dégoûtants de bouse de vache. Au premier moment, en considérant leurs yeux sortis de leurs orbites, et leurs gestes incohérents, nous ne sommes pas sans inquiétudes, craignant que ces fanatiques, qui nous considèrent comme des mécréants, ne nous écharpent par piété, mais ils se contentent de danser un quadrille infernal autour de nos éléphants qui les regardent avec une pitié profonde. Fatigués de ce triste spectacle, nous leur jetons une roupie et continuons notre route.

Le 16, nous nous levâmes encore à des heures indues, afin de faire, avant la chaleur, une promenade avec M. Shakespeare qui avait bien voulu venir nous prendre dans sa voiture à huit ressorts.

Tandis que nous nous prélassions dans cet équipage, ses filles galopaient sur de charmants chevaux anglais.

Il s'agissait de visiter une vieille ruine bouddhiste dont l'origine est inconnue. Ce bâtiment de brique a la forme et les dimensions du château Saint-Ange. Il était garni jadis d'un revêtement de pierre et d'inscriptions qui prouvent sa haute antiquité, mais aujourd'hui il n'en reste plus rien.

En somme, ce monument est affreux, mais on nous a
assuré qu'il était extrêmement intéressant.

Près de là, se trouve le collége que les Anglais ont
fondé pour les indigènes. On y enseigne le sanscrit, le
persan, l'anglais et l'indoustani. Ce qu'il y a de curieux,
c'est que ce sont des professeurs européens qui font le
cours de sanscrit, langue aujourd'hui oubliée par les
Indous, et dont les brahmes seuls prononcent, sans les
comprendre, quelques mots dans leurs prières.

M. Greffith, directeur de cette école, a traduit en anglais
tout le *ramayana*, le fameux poëme épique des Indous,
et il m'a paru enthousiaste de cette littérature antique.

Cet établissement est situé au centre d'un parc charmant et fort bien installé sous tous les rapports. Le
seul reproche qu'on puisse lui faire, c'est qu'étant
bâti très simplement à l'intérieur, il est au dehors surchargé d'ornements inutiles.

La raison qu'on nous en a donnée est assez originale.
Il paraît que les natifs, naturellement très-soupçonneux,
souscrivent difficilement aux entreprises qu'on leur propose et ne déposent les fonds qu'à la fin des travaux, afin
d'être sûrs qu'ils seront employés à leur gré. C'est ce qui
est arrivé pour le collége de Bénarès ; d'abord ils ne voulaient rien donner, puis, voyant le corps du bâtiment
presque terminé, ils ajoutèrent des sommes considérables
qu'on ne put dès lors employer qu'à faire des bas-reliefs
et des sculptures extérieures.

Nous rencontrâmes chez M. Greffith, le fameux, l'illustre docteur Lazarass. Tout le monde, aux Indes, a entendu parler de ce médecin, au moins à la quatrième
page des journaux.

On peut lire en effet chaque jour :

« Prenez les pilules du docteur Lazarass !... Guérissez,

n'arrachez pas...... Supériorité incontestable des emplâ-
tres du célèbre docteur, » et autres vérités affirmées et
confirmées par toutes les sociétés savantes du pays.

Or, ce personnage, auquel M. Longfellow était recommandé, avait des relations avec les principaux habitants
de Bénarès, et nous proposa de nous faire faire leur connaissance.

Il nous conduisit, le jour même, chez un prince du Népaul qui, vraisemblablement, devait tenir beaucoup plus
à la visite de son médecin qu'à la nôtre. On en jugera.

Ce prince est le fils du roi de Népaul, que son grand-
vizir a récemment fait emprisonner après lui avoir fait
crever les yeux.

Ce charitable et reconnaissant ministre l'invite souvent
à revenir en son pays, ce qu'il n'ose faire de crainte d'être
étranglé et il vit misérablement dans une petite maison
entourée d'un grand mur noir, de l'aspect le plus triste.
Intérieurement, les salons sont peints à la chaux, et les
seuls ornements que l'on voit sont des gravures représentant Napoléon Ier et Napoléon III dans toutes les positions possibles.

On sert au prince de Népaul une assez forte pension,
mais tout ce qu'il possède passe à l'entretien d'un harem
considérable dont il a tellement abusé, qu'il est devenu
presqu'idiot et incapable d'aucune *action énergique*.
C'était du reste le but de ce ministre qui pouvait craindre à chaque instant de voir le roi fomenter une révolte
contre son usurpation.

Ce malheureux Radja vint à nous dans une vieille robe
ouatée, avec une calotte de velours et un cache-nez, par
35 degrés de chaleur. Ses mains tremblaient, ses dents
claquaient et il présentait le spécimen d'épuisement le
plus navrant que j'aie jamais vu.

Après avoir bégayé quelques formules de politesse, il se hâta de s'étendre sur des coussins où il passe sa vie à fumer en pensant au royaume de ses pères ou plutôt en ne pensant à rien.

Il paraît que le triste exemple que nous avions sous les yeux est très-fréquent aux Indes, grâce aux excès auxquels se livrent les jeunes gens dès l'âge le plus tendre. A vingt ans, ils sont déjà presque tous impuissants ; aussi, disait le docteur, il est rare que les Radjas aient des enfants !

Après une assez courte visite, nous prîmes congé de ce jeune vieillard, et il nous jeta des parfums rances qui firent des taches vertes sur nos vêtements.

En continuant notre tournée, nous arrivâmes chez un autre radja, nommé Naring-Sing, que les Anglais ont gratifié du titre de *Sir*, pour le récompenser de son dévouement à leur cause au moment de l'insurrection.

Le parc qui entoure son habitation est orné de bassins, de canaux et de jets d'eau dispersés au milieu de ravissants bosquets de roses et de jacinthes.

Le palais, tout en marbre, se dresse sur un perron élevé et son aspect est des plus élégants. Le rez-de chaussée est un portique à jour, car le premier étage n'est soutenu que par des colonnes et des arcades mauresques artistement crénelées. Enfin, le plafond ogival représente un ciel parsemé de fleurs, et une galerie est disposée à l'intérieur du salon principal, de façon à permettre aux femmes de la famille du radja de voir sans être vues.

Sir Naring-Sing vint au-devant de nous en tunique noire, calotte de velours brodée d'or, et pantalon de soie collant. Il nous reçut avec une amabilité parfaite, puis, faisant peu de cas de ses galeries orientales, il attira notre attention sur un tableau représentant un bateau à vapeur anglais. Il nous pria ensuite d'assister le lendemain à une natch qu'il allait organiser en notre honneur, et demanda quel jour nous pourrions venir dîner chez lui, honneur qu'il pouvait nous faire sans déroger, en sa qualité de musulman. Nous acceptâmes la natch en éludant le dîner, mais son fils nous poursuivit, nous suppliant d'accepter. « Pourquoi, disait-il, ne voulez-vous pas recevoir notre hospitalité? Cela nous afflige profondément. » Nous transigeâmes pour un petit souper à la fin de la soirée.

Quand nous arrivâmes le lendemain, le parc était entièrement illuminé. Les lampions et les feux de Bengale reflétaient leurs lumières dans les pièces d'eau et produisaient un effet ravissant. Les Indous, habitués à leur soleil éclatant, aiment passionnément la lumière, et dans toutes leurs fêtes de nuit, l'éclairage des salons est deux ou trois fois plus brillant que dans les appartements les plus riches de Paris.

La grande galerie était donc resplendissante. Le Radja nous fit asseoir sur un magnifique canapé d'argent, et aussitôt des bayadères, entièrement couvertes de bijoux splendides, se mirent à danser avec une grâce merveilleuse.

Leurs costumes se distinguaient de celui des bayadères de Bombay par des pantalons en forme d'entonnoirs renversés, très étroits en haut et larges d'environ un mètre à la base.

Leurs robes de drap d'or s'élargissaient de la même façon, et souvent elles en soulevaient les pans en demi-cercle, comme font les ailes d'un oiseau de paradis qui s'envole.

Après cette natch, qui se prolongea fort avant dans la nuit, on servit un souper gigantesque préparé pour plus de trente personnes, quoique nous ne fussions que

deux. — Le service était fait à la française et très soigné.
— Il y avait des pâtés d'huîtres, un énorme jambon, des
pyramides de poulets et de gibier s'élevant à plus de
deux pieds, du riz au carry pour un régiment de cipayes,
des gâteaux pour un collége affamé, des fruits de toutes
sortes, ananas, oranges, cédras, avocats, pistaches, etc.,
et enfin huit ou dix bouteilles de bordeaux et de champagne pour chacun de nous.

Malgré notre bonne volonté, il nous a été impossible
de faire honneur à ce festin de Gargantua, et nous parais-
sions faire la petite bouche. Jamais je n'ai tant regretté
de ne pas avoir les quatre estomacs d'un ruminant.

En somme, nous avons été enchantés de cette fête et
de l'extrême affabilité de Naring-Sing.

Hélas! je crois que si quelque radja venait visiter Paris,
il courrait grand risque de ne pas être reçu de la sorte par
nos compatriotes, et il serait surtout peu probable qu'on
s'inquiétât de lui servir un repas de son goût.

Un autre jour, nous allâmes passer la soirée chez un
homme beaucoup plus modeste, mais non moins intéressant; c'était le vénérable docteur Léopold, missionnaire
protestant établi dans le pays depuis de longues années et
estimé de tous ceux qui le connaissent.

Il paraît que depuis 1857, les Anglais encouragent fort
peu le prosélytisme religieux, afin de ne pas éveiller la
susceptibilité des Indiens et éviter de susciter une nouvelle insurrection.

D'ailleurs, ils constatent que les natifs soi-disant convertis, ont perdu leur religion sans être devenus de bons
chrétiens.

Méprisés de tous leurs compatriotes, ils sont déchus de
leur caste, tombent plus bas que les parias, ne peuvent

même plus se procurer de travail et sont traités comme des lépreux.

Ils en concluent que les personnes qui s'intéressent à eux, doivent leur laisser exercer tranquillement leur religion, du moins lorsqu'elle ne fait de mal à personne.

Cependant le docteur Léopold entretient un orphelinat et administre gratuitement des secours à tous ceux qui en ont besoin.

Il nous a raconté qu'une nuit, un voleur avait tenté de s'introduire dans sa modeste demeure en pratiquant une ouverture au bas de l'un de ses murs. Or, à peine avait-il arraché une ou deux briques mal jointes, que le doigt de la providence se montra sous la forme d'un serpent cobra qui sortit de cette cachette, s'élança sur lui et le mordit. Le malheureux allait mourir lorsque le docteur, averti à temps, le sauva en lui administrant une énorme dose de belladone et de thé vert.

Il paraît que la morsure de cet affreux reptile amène d'abord de très vives douleurs, puis un sommeil profond, précurseur de la mort, et si l'on parvient à empêcher le malade de s'endormir, il ne meurt pas de sa blessure.

Presque tous les jours nous trouvions en rentrant au bungalow, de larges corbeilles de fleurs et de fruits artistement disposés, que divers radjas nous envoyaient.

Ce présent, appelé *dolis*, est très à la mode aux Indes, et l'on ne fait pas la connaissance d'un radja sans qu'il vous envoie immédiatement son dolis.

Son Altesse le Maha-Radja de Bénarès, et Sir Naring-Sing nous avaient annoncé leurs visites pour le 18, et nous ne savions trop comment faire pour les recevoir dignement dans notre affreux taudis.

Cependant, au jour indiqué, nous procédons, dès le

matin, à la toilette intelligente de notre meilleure chambre.

Longfellow met sur mon lit sa belle couverture mexicaine, et cale la table, tandis que je masque les trous du parquet avec les paniers de fleurs que nous venions de recevoir. Mais le grand effet de ce salon improvisé, c'est le trône que nous fabriquons en étendant un couvre-pied rouge sur un fauteuil cassé ; puis nous plaçons en demi-cercle de chaque côté les chaises les plus élégantes que nous pouvons trouver.

A peine les décorations de nos appartements sont-elles terminées, que nous entendons le bruit d'une voiture. — C'est Naring-Sing. Avant d'entrer, il nous fait demander si nous voulons le recevoir. Nous nous empressons aussitôt d'aller le chercher et nous l'amenons majestueusement sur son trône.

Après de pareils travaux, il semblait que nous dussions jouir de cette tranquillité sereine que donne le sentiment du devoir accompli ! Mais loin de là, nous étions sur des charbons ardents.

En effet, nous venions d'apprendre que le Maha-Radja était l'ennemi intime de Naring-Sing, et comme il nous avait donné rendez-vous à la même heure, nous craignions à chaque instant de le voir entrer.

Bientôt, les compliments d'usage étant terminés, la conversation languit et cette réception à charge à tous me rappela celles de certaines maîtresses de maison de ma connaissance.

> « Il ne me disait mot, nous ne lui disions rien.
> « C'est ainsi que finit ce pénible entretien.»

Cependant le danger devenant imminent le ciel m'inspira soudain un moyen héroïque de terminer la séance, le même qui m'avait servi si utilement à faire partir les chevaux de Dhoûna. Je pris mon violon ! Bien aise de profiter de l'occasion pour faire mes exercices, je me mis à exécuter une série de gammes en affirmant au radja que c'était un air national des plus appréciés en Europe. A la vingtième, le patient se leva et s'enfuit en m'assurant du grand plaisir qu'il avait eu à me voir et à m'entendre.

A défaut d'huile de rose ou d'autres parfums orientaux, je versai une honnête dose d'eau de lavande dans le creux de la main de mon hôte, car il faut faire à Rome comme les Romains, et il se retira enchanté.

Il était temps ! un moment de plus et il rencontrait le Maha-Radja de Bénarès.

Celui-ci arriva avec grand fracas, dans un magnifique équipage, précédé d'un coureur à cheval et accompagné de ses vizirs, d'un interprète et d'une foule de serviteurs habillés de rouge.

Le Maha-Radja est grand chasseur ; aussi, s'entendit-il à merveille avec Longfellow, qui lui fit voir, à son tour, tout son arsenal de revolvers, carabines, fusils de chasse, poignards, etc. Mais ce qui parut l'intéresser au suprême degré, ce fut sa fameuse carabine *Spencer*. Il la tourna et il la retourna dans tous les sens, puis le supplia de lui en envoyer une de New-York, à son prochain voyage en Amérique.

Par malheur, en la maniant ainsi, il s'aperçut que les cartouches étaient graissées. Aussitôt il changea de figure. Sa physionomie douce et joyeuse jusque-là, devint tout-à-coup sérieuse et sombre. Evidemment, il se croyait insulté et repoussa la carabine avec horreur et indignation.

Confus de ce contre-temps, nous comprîmes trop tard que la graisse dont les balles étaient enduites devaient paraître des plus suspectes à un brahme, soit qu'elle provînt d'un bœuf, animal sacré, ou d'un porc, animal immonde, et qu'il ne pouvait y toucher sans commettre un sacrilége. Nous nous empressâmes de lui faire comprendre que l'on n'employait que de la graisse de mouton, mais l'effet était produit, il ne fut plus question des armes américaines, et à partir de ce moment l'entretien resta froid et guindé.

Cependant, avant de nous séparer, nous nous fîmes, flacon d'eau de lavande en main, des promesses d'amitié éternelle, et le Maha-Radja nous promit d'entretenir avec nous une correspondance suivie ; mais les Indous sont tant soit peu Gascons, bien fol est qui s'y fie.

Dans la journée, on m'amena, en le tenant par l'oreille, un gredin qui venait de me voler le collier que le Maha-Radja m'avait mis autour du cou et qui, par parenthèse, ne pouvait lui servir absolument à rien. Au premier moment, saisi d'admiration devant le beau dévouement de cet agent de police improvisé, je le récompensai largement, mais j'appris ensuite que ces deux individus s'entendaient probablement ensemble, et que leur seul but était de se procurer une récompense afin de la partager, d'autant plus que le soi-disant voleur ne courait aucun risque.

En effet, M. Shakespeare, auquel nous allâmes le soir faire nos adieux, nous dit qu'en cas de vol, il fallait bien se garder de faire la moindre réclamation, sous peine de perdre soi-même sa liberté et d'être forcé de faire des démarches insupportables. Il nous raconta à ce sujet, qu'un jour on lui avait pris sa montre, et que, ne connaissant pas les usages du pays, il avait eu la simplicité de porter plainte à la police. On lui répondit alors : « Vous prétendez qu'un tel vous a volé votre montre, prouvez-le! » et il dut faire le voyage de Calcutta, où on le retint un mois entier pour cette affaire.

Depuis on l'a volé plusieurs fois, mais il a eu soin de n'en parler à personne et de s'en cacher comme d'un crime.

Après une dernière bonne soirée chez M. Shakespeare, nous partîmes pour Connpour, emportant de Bénarès un souvenir ineffaçable.

CHAPITRE XI

En quelques heures de chemin de fer nous arrivâmes à Connpour, si tristement célèbre par les massacres de 1857.

On voit encore les restes des fortifications construites en pisé, qui ont permis aux Anglais de résister si long-temps aux indigènes; mais les Indous, dirigés par le traître Nana-Sahib, ont fini par s'en emparer, et ont fusillé, sans exception, tous ceux qui s'y trouvaient. On remarque également les piliers de la maison où s'étaient réfugiés les femmes et les enfants, égorgés par ordre du même Nana-Sahib. Les cipayes, auxquels il avait donné cet ordre, refusèrent d'obéir, et il fallut faire venir des bouchers pour l'exécuter.

Des cadavres atrocement mutilés, des femmes éven-trées, des blessés encore vivants furent jetés pêle-mêle dans un puits voisin. Aujourd'hui cet horrible lieu de

carnage est transformé en jardin. — Le puits est garni
d'une margelle de marbre et décoré d'une statue qui représente un ange tenant deux palmes croisées.

Partout des parterres de fleurs parfumées, et le chant
des oiseaux qui voltigent, insouciants, au milieu des
bosquets, image saisissante des changements d'ici-bas.

En dehors des ruines et des tristes souvenirs dont je
viens de parler, Connpour ne renferme rien d'intéressant, car la ville indigène, fort petite, n'est guère connue
que par la station militaire que les Anglais y ont établie.

Quelques heures de chemin de fer nous conduisirent à
Lucknow, et, le soir même, nous nous promenions dans
cette ville, si magnifique autrefois et encore si intéressante.

Cette capitale du royaume d'Aoude renferme environ
500,000 habitants, musulmans la plupart, et possède une
quantité innombrable de monuments aussi élégants que
somptueux. Une grande partie d'entre eux ont été dé-
truits par les Anglais en 1857; cependant on voit encore
de tous côtés des palais de pierre et de marbre, découpés
comme des dentelles, et ornés de dômes dorés et de milliers de petites coupoles blanches qui se détachent sur le
ciel comme des perles enchâssées dans des turquoises.

Les portes de la ville, l'arsenal et diverses résidences
princières sont des merveilles d'architecture ou plutôt de
sculpture.

Le palais du roi a été par malheur presque entièrement
détruit à la suite de l'insurrection, mais, si l'on en juge
par ce qu'il en reste, il devait être immense et admirablement beau. On a conservé la façade, qui est d'un goût
exquis, le harem et plusieurs corps de bâtiment que l'on
a utilisés pour y établir le club, le palais de justice et divers offices du gouvernement.

Je citerai notamment une galerie composée de cinq nefs parallèles, dont les arcades crénelées sont soutenues par des colonnes du meilleur style. On dirait une forêt pétrifiée, que le soleil ne peut pénétrer et où la fraîcheur est éternelle.

Le roi d'Aoude logeait neuf cents femmes dans son palais et se plaignait lorsqu'on ne lui apportait pas chaque jour un nouvel enfant.

Cette nombreuse famille nécessitait une foule immense d'eunuques, d'entremetteurs et de gens de toutes sortes dont l'entretien ruinait l'État, bien que le roi disposât d'un revenu de 50 millions.

Les ministres, pour suffire à des exigences toujours croissantes, accablaient le peuple d'impôts, aussi lourds qu'injustes, ngéligeaient les routes et ne payaient pas les troupes. Celles-ci pour vivre, se transformaient en bandes de brigands; de là, l'anarchie la plus complète.

Tel était l'état de choses lorsque les Anglais s'emparèrent de ce royaume. En renversant le roi et son exécrable gouvernement, ils dotèrent en réalité le peuple d'une liberté dont il n'avait jamais joui jusqu'alors et dont il ignorait même l'existence.

En peu d'années, ils ont su, tout en diminuant les impôts, rendre le pays plus florissant et en tirer des revenus considérables. Les vrais philanthropes doivent donc se féliciter de l'annexion de l'Aoude.

Il semblerait que les indigènes dussent s'accoutumer à leurs nouveaux maîtres et reconnaître les avantages qu'ils leur avaient apportés, mais le sentiment de l'indépendance parle plus haut que la raison, et l'on préfère souvent, comme le dit Molière, être battu par son mari, que défendu par son voisin ; aussi, les habitants de l'Aoude furent-ils les premiers à se révolter au moment de l'insurrection.

On sait que le général Henri Lawrence, gouverneur de Lucknow, prévoyant seul ces événements, avait fortifié sa résidence, y avait caserné les 3,000 hommes dont il disposait, et les avait approvisionnés convenablement, lorsqu'au commencement de 1857 il fut attaqué par plus de 30,000 insurgés. Pendant plusieurs mois, il soutint un siége terrible, voyant à chaque instant sa petite troupe diminuer et celle des assaillants augmenter, sans pouvoir espérer de secours prochains.

On nous a raconté mille détails curieux sur ce siége mémorable. Il paraît, notamment, que les Anglais ne pouvaient se procurer de l'eau qu'en allant la chercher dans un puits assez éloigné, situé directement sous le feu des ennemis, et que des eunuques, extrêmement habiles au tir, et masqués par un mur épais, tuaient infailliblement tous ceux qui s'aventuraient dans cette direction.

Ainsi, pour la garnison tout devenait difficile dans cette résidence, simple maison de campagne, qui malgré les soins du commandant, n'offrait aucune des ressources de la forteresse la plus primitive. Elle était encombrée de femmes et d'enfants qui étaient venus s'y réfugier, et la petite garnison dut déployer une énergie surhumaine pour résister aux attaques continuelles d'un nombre si considérable d'ennemis.

A chaque instant, ils s'attendaient à voir se renouveler pour eux les massacres de Connpour, et lorsque le soleil disparaissait au-dessus de l'horizon, ils devaient craindre de ne pas le revoir.

Cependant les insurgés ne parvinrent pas à forcer la résidence et la conduite de son héroïque garnison, permit aux Anglais de reprendre Connpour et de mettre Nana-Sahib en fuite.

Nous avons visité avec beaucoup d'intérêt cette forteresse improvisée, criblée de balles et à moitié détruite, et l'on nous a montré l'endroit où le général Lawrence fut tué par un boulet de canon.

Près de là se trouve son tombeau : simple dalle noire, sur laquelle on lit cette modeste épitaphe, qu'il a dictée lui-même avant de mourir :

ICI REPOSE

HENRI LAWRENCE

QUI A ESSAYÉ DE FAIRE SON DEVOIR.

QUE DIEU REÇOIVE SON AME !

✝

NÉ EN 1806 — MORT EN 1857.

On ne saurait trop admirer la naïveté sublime de cette épitaphe , lorsque l'on songe qu'aujourd'hui tout le monde reconnaît sans contestation que sir Henry Lawrence a sauvé l'Inde par sa prévoyance et son dévouement.

Après la reprise de Lucknow, les Anglais donnèrent vingt-quatre heures aux insurgés pour quitter la partie de la ville qu'ils occupaient, puis ils la rasèrent à fleur de terre sur l'espace d'un mille carré.

Aujourd'hui c'est une plaine déserte, pas une pierre ne rappelle que là furent la vie, l'amour, la douleur, la mort. C'est effrayant à voir, terrible, mais juste.

On sait que les Orientaux ont l'habitude, pour sous-

traire leur argent au fisc, de le cacher sous la terre. Or,
cet usage existait à Lucknow, plus que partout ailleurs,
et il est probable que beaucoup de gens riches, dans leur
précipitation à quitter la ville, n'ont pas eu le temps
d'emporter leurs richesses, et que le terrain désolé
dont je parlais tout à l'heure renferme plus d'un trésor.
Avis aux chercheurs d'or.

Toute la ville n'a cependant pas disparu; les monuments d'utilité publique et le quartier du bazar ont été
conservés.

On voit des musulmans, à l'œil sauvage et rancuneux;
des artisans habiles y fabriquent de belles étoffes, des
pantoufles brodées d'or, des bijoux en filigrane d'un
travail remarquable, des houkas de toutes sortes, et des
instruments de musique artistement peints et ornés d'i-
voire incrusté.

De brillants cavaliers, revêtus de superbes costumes,
se pavanent sur des chevaux ou des dromadaires richement caparaçonnés. Enfin on rencontre assez souvent
des éléphants qui se promènent majestueusement, réflé-
chissent, ou dégustent avec volupté quelques bottes de
cannes à sucre.

La grande distraction des Lucknois, c'est le cerf-volant!
Des gens de tout âge ne cessent de se livrer à ce sport;
aussi ne peut-on circuler dans le bazar sans être accro-
ché par une ficelle ou par un individu qui tombe sur
vous en regardant les nuages.

Il paraît toutefois que, non contents de cet honnête
passe-temps, les habitants de Lucknow recherchent encore d'autres plaisirs, car ils passent pour les gens les
plus dépravés de l'Inde; mais je me garderai bien de
donner des détails sur leur habitudes; tout ce que je puis

dire, c'est que les femmes y restent absolument étrangères.

Dans nos promenades à travers la ville nous rencontrions souvent un vieux cipaye à moitié fou, dont la manie, fort inoffensive, était assez originale.

Son idée fixe était de se faire passer pour l'homme le plus décoré de toute l'armée des Indes.

Il s'était affublé d'un vieil habit rouge en lambeaux, et portait au côté un énorme sabre de bois ; enfin, il avait autour du cou un collier composé des bibelots les plus bizarres : des perles de verre, des balles, un tire-bouchon, un tire-botte, une seringue, un petit canon de cuivre, une boîte à sardine, des boutons d'uniforme et mille autres choses de ce genre.

Chaque fois qu'il nous voyait approcher, il s'arrêtait, nous présentait les armes avec son sabre de bois, puis restait raide et immobile comme un automate.

C'est dans cette position que nous l'avons laissé pour la dernière fois, et depuis nous n'en avons jamais entendu parler.

Enfin, lorsque le soleil couchant n'éclairait plus que les dentelles de marbre des minarets et des édifices voisins, nous rentrions au bungalow, enrichis de nouveaux souvenirs et joyeux de vivre, car nous avions le sentiment d'avoir bien employé le temps.

Nous quittâmes Lucknow le 24, à deux heures du matin, et ce ne fut pas sans difficulté que nous nous procurâmes des porteurs pour nos bagages, grâce à la scène de la veille. On nous raconta en effet qu'un voyageur, ayant fait venir douze hommes au milieu de la nuit pour porter ses malles à la station, ne leur avait donné que deux annas pour toute récompense — et, comme ceux-ci se plaignaient justement, il leur administra en guise de

pour-boire une série de coups de pieds dont ils gardèrent
un détestable souvenir.

« Vous leur fîtes, Seigneur,
» En les battant beaucoup d'honneur. »

Aussi les pauvres diables avaient juré que pour un
empire ils ne se dérangeraient plus.

Toutefois une bonne roupie les décida, et nous repar-
tions bientôt après pour Connpour, où nous retrouvâmes
le *great rail way*, qui, en quatre heures, nous conduisit
à Agra.

CHAPITRE XII

Un babou nous reçut à la gare d'Agra, et nous dit que
le *commissioner* avait dû s'absenter pour quelques
jours ; mais qu'étant instruit de notre arrivée, il l'envoyait pour nous prier de nous installer dans sa maison
et d'en disposer comme de la nôtre. Nous fûmes très
touchés de cette aimable invitation ; mais, comme nous
n'avions jamais vu cet officier, il ne nous parut pas convenable d'accepter, au grand étonnement dudit babou.

Nous traversons la Jumna sur un pont de bateaux et
parcourons rapidement la ville, qui est petite, boueuse,
et ne mériterait aucune mention après celles dont j'ai
parlé plus haut, sans les merveilleux monuments qui se
trouvent aux environs.

Nous franchissons de vastes fortifications en pierres

rouges, construites par les empereurs mogols, et nous nous faisons conduire à l'hotel B..., situé, comme toujours, à deux milles en pleine campagne.

Cet établissement est confortable et même élégant, mais tout y est hors de prix. D'ailleurs, le propriétaire jouit dans toute l'Inde d'une réputation de voleur des mieux établies.

Depuis longtemps on nous avait prévenu de nous tenir en garde contre les manœuvres qu'il employait pour extorquer de l'argent aux voyageurs.

Citons-en une qui lui a déjà réussi plusieurs fois.

Mister B... engage sa femme à dîner à table d'hôte et ne ménage aucune occasion de la mettre en rapport avec les étrangers. Ceux-ci, fatigués de ne voir habituellement que des beautés chocolat, sont bien aises de reposer leurs yeux sur cette blonde Anglaise, qui s'y prête avec beaucoup de grâce. Des œillades on passe aux *a parte*, puis aux rendez-vous.

Le voyageur qui, de fondation, a toujours une foule de choses à raconter à une compatriote, s'empresse de lui proposer une plus longue entrevue, afin d'y faire à l'aise une conversation prolongée.

Or, comme la nuit est le seul moment où l'on puisse respirer agréablement, Mistress B. vous prie de venir causer chez elle vers une heure du matin Mais cette excellente épouse s'entend avec son mari et, lorsque le dialogue commence à s'animer, le *deus ex machina* apparaît soudain et vous rappelle les deux ans de prison dont les tribunaux anglais ne peuvent manquer de vous gratifier, puis, il vous propose charitablement d'éluder la loi moyennant une petite amende de trois ou quatre mille roupies !

Pour nous, harassés de fatigue, nous nous couchons

de bonne heure et rêvons que B... vient nous étrangler, mais la vérité est que, pour cette fois, il se contente de nous écorcher.

Hélas ! quoique ce fut le 24 décembre, nous avions jugé inutile de remettre nos pantoufles à la porte, car il était peu probable que le petit Noël vînt se promener jusqu'ici, et tout ce que nous aurions pu espérer c'est que Mister B... ne les prit point !

En revanche, nous avons eu le plaisir de retrouver le lendemain le colonel T....., qui voulut bien nous guider durant toute cette journée, une des plus intéressantes de notre voyage.

En partant, il nous conduisit d'abord au club, où il nous avait fait préparer un excellent *tiffin*.

On est vraiment frappé de la richesse de ces établissements et du luxe de la *mess* des officiers dans toutes les parties de l'Inde, et il est pénible d'y comparer la misère des officiers français.

Grand bâtiment avec colonnades, vastes salles ornées de boiseries sculptées, bibliothèque richement garnie, billard, table somptueuse, service d'argent massif, domestiques en grande tenue — rien n'y manque ; on se croirait dans l'une des meilleures maisons de Londres un jour de grand raout, et c'est tous les jours ainsi.

Après le repas, un gari nous conduisit au *Taj*, le plus splendide monument du monde entier.

Je n'hésite pas à le dire, Saint-Pierre de Rome ferait l'effet d'une lourde caserne à côté de ce chef-d'œuvre de l'art indo-musulman.

Certes, nous nous attendions à voir un édifice magnifique, car on ne cessait de nous en parler depuis plusieurs mois, mais ce que l'on nous avait dit, était encore au-dessous de la vérité. Tout ce que l'imagination d'un poëte aurait pu concevoir était surpassé.

Ce n'est plus l'œuvre d'un homme, c'est l'œuvre d'un dieu ! Après avoir traversé une gigantesque porte ogivale, on entre dans un parc rempli de fleurs, où l'air est alourdi par le parfum des roses.

Au milieu des allées, se trouvent des canaux ornés d'une série de jets d'eau, et sur les bords s'élèvent de sombres tuyas, espèces de sapins dont le feuillage est presque noir et très-touffu. C'est au travers de ce cadre que se dresse le *Taj Mahal* (la couronne du harem).

L'impression que l'on éprouve, en le voyant pour la première fois, est tellement vive, que l'on ne peut s'empêcher de fondre en larmes. La plupart des auteurs qui traitent de l'Inde ne craignent pas de l'avouer.

Le Taj est un tombeau construit au 17e siècle par l'empereur mogol *Schah Jahan*, en l'honneur d'une sultane favorite : la *Begum Rdnou-Néour*. Ce prince allait la perdre. Fou de douleur, il lui demanda ce qu'il pouvait faire pour elle :

« Je veux pour tombeau, répondit-elle, le plus beau monument de l'univers. »

Il le lui promit et tint parole.

Le Taj est entièrement construit en marbre de Jeypour, et sa blancheur est telle qu'il paraît transparent. Il se compose d'un dôme immense, circonscrit par quatre dômes moins élevés et flanqué d'un pareil nombre de minarets, placés aux angles d'une terrasse carrée. Sa forme octogonale est parfaitement symétrique, et chacune des grandes façades renferme une vaste porte cintrée. Chaque porte est encadrée par des incrustations de pierres noires, reproduisant des versets du Coran, et chaque

LE TAJ

fronton orné de rinceaux de feuillages et de sculptures ravissantes.

A l'intérieur se trouve le sarcophage de la sultane et de Schah-Jahan. Ceux-ci, et tous les murs environnants sont couverts de mosaïques d'une exquise élégance, figurant des fleurs entrelacées, et mille arabesques en lapis lazulis, agathe, cornaline, jaspe, porphyre et autres pierres précieuses.

La balustrade qui entoure les deux tombeaux est en marbre cristallin taillé à jour et travaillé comme du point d'Alençon. C'est une merveille d'art.

On prétend que cet édifice a coûté cent millions de roupies, malgré le bon marché de la main-d'œuvre et les nombreux cadeaux qui affluèrent de tous côtés, chaque radja tenant à honneur d'offrir au grand mogol les plus belles pierres précieuses.

Mais que Schah-Jahan a bien réussi!

Quelle magnificence! Quelle richesse dans les détails! Quelle simplicité dans l'ensemble!

Une des causes matérielles de l'effet saisissant que produit ce monument, est l'harmonie qui préside au développement de toutes ses lignes.

Que l'on réunisse par la pensée les points qui semblent les plus étrangers les uns aux autres, on obtiendra toujours une courbe, non-seulement gracieuse, mais parfaitement géométrique : ici un cercle, là une ellipse, une parabole ou une hyperbole.

A quelque distance que l'on se place de lui, ce monument paraît également parfait. On le regarde... on le regarde encore, et l'on ne peut s'en détacher. Vous êtes attiré, fasciné, et comme enlevé au-dessus des choses de la terre. C'est un rêve éthéré. C'est la pensée d'un pur esprit. On a envie de se mettre à genoux, et de l'adorer.

10

Mais je renonce à décrire cette merveille orientale.
Des poëtes ou des musiciens pourraient seuls en donner
l'idée, en cherchant à faire naître des sentiments semblables à ceux qu'elle inspire.

Assurément on ne peut comparer la musique à l'architecture, mais le beau dans tous les arts, ne fait-il pas
tressaillir les mêmes parties de notre être ? et ne peut-on
comparer entre elles les impressions qu'il produit ?
Pour moi, en voyant le Taj, j'ai ressenti les mêmes
jouissances qu'en entendant une belle symphonie de
Beethoven : l'un et l'autre sont des images de l'infini.

C'est une chose vraiment étrange de constater la foule
de pensées, diverses et presque opposées, produites par
la vue de ce chef-d'œuvre. C'est un miroir de tristesse
et de désespoir, et pourtant lorsqu'on le voit entouré
de fleurs, profiler ses lignes blanches et gracieuses sur
le ciel bleu de l'Inde, il semble ne respirer que la
poésie et l'amour.

Aussi ne saurais-je exprimer ce que l'on éprouve en le
regardant seul, longtemps, longtemps !...

Le soir, à la tombée de la nuit, nous étions encore à la
même place, admirant toujours, aspirant voluptueusement les effluves qui nous enveloppaient et ne pouvant
nous rassasier.

Croirait-on qu'un des derniers gouverneurs d'Agra,
trouvant que le Taj était inutile, avait l'intention de le
transformer en carrière de marbre, afin d'en tirer quelque
argent !

Par bonheur, il n'a pu mettre son projet à exécution,
et je dois dire qu'aujourd'hui les Anglais entretiennent
fort bien les principaux monuments de l'Inde et y dépensent même des sommes considérables.

Ils ont construit près d'Agra des prisons remarquable-

ment bien installées. Elles couvrent un immense espace
de terrain, et sont divisées en plusieurs sections. L'une est
réservée à ceux qui se sont élevés à la simple dignité de
voleurs. Une autre renferme les enfants de onze à quinze
ans, qui ont la vilaine habitude de jeter dans des puits
leurs petits camarades, distraction assez répandue aux
Indes. Plus loin se trouvent les femmes qui ont empoi-
sonné leurs enfants ou leurs maris, mégères aux figures
les moins engageantes. Quelques-unes ont conservé une
timide pudeur et se cachent la figure sous leur *sahri*,
comme de chastes jeunes filles!

Mais je recommande particulièrement aux Européens
qui désireraient plaire à Sciva, le quartier des eunuques.
Ces misérables attirent les promeneurs dans des guet-
apens et leur font subir de force une opération qui les
rend semblables à eux. Ils croient ainsi plaire à Sciva, le
destructeur du monde, et sont très-fiers de ces actes de
singulière dévotion.

Ces eunuques ont tous l'air de vieillards, sans barbe,
faibles, pâles et stupides. Tous se disent heureux de souffrir pour leur foi; la seule chose qui paraît les contrarier
vivement, c'est d'être contraints de porter des habits
d'hommes, eux qui étaient habitués à se vêtir comme des
femmes. Les plus jeunes sont les plus recherchés, notamment à Luknow, car la race des habitants de Sodome n'a
pas été complétement détruite.

Enfin, dans un dernier corps de bâtiment se trouvent
les *Thuggs*, qui, après avoir assassiné un plus ou moins
grand nombre de personnes, ont sauvé leur vie en révé-
lant les noms de leurs camarades.

Les Thuggistes sont convaincus que ceux d'entre eux
qui auront fait le plus de victimes seront les mieux par-

tagés dans le *Nirvana* ; partant de là, on comprend s'ils
y vont gaiement.

Voici comment ils s'y prennent pour exercer leurs
pieuses pratiques religieuses. Ils se lient de préférence
avec des voyageurs, les comblent de soins, les accompa-
gnent partout, paraissent désintéressés et s'en font ainsi
des amis sans défiance, puis les étranglent impunément
à la première occasion.

Mais ils excellent surtout dans l'art de faire disparaître les cadavres. Ils enlèvent d'une pièce, une motte
de terre aussi étroite que possible, creusent une fosse ver-
ticale, dispersent les déblais, placent le cadavre et repo-
sent la motte avec tant de soin qu'il est impossible à
l'œil le plus exercé de reconnaître la moindre trace de
cette opération.

Parmi les Thuggs enfermés dans la prison d'Agra, se
trouvait un vieillard qui se vantait d'avoir tué trois cents
personnes.

Il était majestueusement drapé dans une guenille de
drap, portait une belle barbe grise et avait l'air parfaitement distingué.

On en pend tous les jours ; mais ces fanatiques marchent à la mort avec la sérénité des martyrs, convaincus
qu'ils sont de recevoir immédiatement la récompense
de leurs *bonnes actions!*

Tous les prisonniers dont je viens de parler travaillent,
suivant leurs forces et leurs aptitudes, les travaux péni-
bles étant exclusivement réservés aux récalcitrants. Ils
fabriquent du papier, du drap, de fort beaux tapis et des
couvertures de toutes sortes. Les ateliers sont magnifiques et pourvus de tous les accessoires nécessaires.
Grâce aux avantages de l'association, le bon marché de
ces objets est tel, qu'il décourage les ouvriers honnêtes

qui travaillent séparément. Ceux-ci doivent être tentés
de se faire incarcérer, car, de fait, les détenus sont plus
heureux qu'eux, si j'en juge par la plupart des pauvres
coudras et parias qui végètent misérablement dans les
bouges de leurs villes et de leurs campagnes.

Sur un point seulement il a été impossible aux prisonniers de se plier à la discipline qu'on a essayé de
leur imposer. Pensant que tous les criminels étaient
égaux devant le châtiment, les Anglais avaient négligé
de s'occuper des castes et des préjugés indous en orga-
nisant le régime de la prison ; mais les brahmes refusèrent toute nourriture et plusieurs se laissèrent mourir de
faim plutôt que de manger de la viande, ou même d'un
plat quelconque auquel avait touché un cuisinier de caste
inférieure.

« Nous aimons mieux, disaient-ils, perdre la vie du
corps que de risquer de compromettre celle de l'âme
en touchant à des aliments impurs. »

Toutefois, on éluda très-simplement la difficulté en
faisant faire la cuisine par des brahmes, et depuis ce
temps-là, tous les prisonniers, sans distinction, avalent
des montagnes de riz pour la plus grande gloire de
Vischnou.

Après le Taj, un des monuments les plus remarquable d'Agra, c'est le fort. Tout édifice qui date de l'é-
poque des empereurs mogols est construit en pierre
rouge, et son aspect est des plus imposants. Les murs
extérieurs sont très-élevés et paraissent très-solides ; on
dit même qu'en 1857 les insurgés, les jugeant impre-
nables, n'ont pas osé les attaquer ; mais en vérité les gens
du métier affirment qu'ils sont dans un tel état de délabre-
ment, qu'on ne pourrait tirer un des propres canons qu'ils
supportent sans courir le risque de les faire écrouler.

Ce fort renferme le palais d'Akbar, dont plusieurs bâtiments sont tout en marbre blanc.

On distingue notamment des portes en bois de sandal finement sculptées, de gracieux belvédères et la salle des durbars, ornée de superbes colonnades et d'incrustations d'or. Les cours intérieures sont dallées de mosaïques du dessin le plus fin. Dans l'une d'elles, disposée en forme de terrasse, et aux bords même de la Jumna, on voit une large table de marbre noir sur laquelle les empereurs mogols rendaient la justice. Les Indous prétendent qu'elle s'est fendue le jour où un Anglais a osé s'y asseoir pour la première fois.

Je n'ai pas besoin de dire que, durant notre séjour à Agra, nous étions dirigés et accompagnés dans nos différentes excursions par les aimables hôtes auxquels nous avions été adressés. Chaque soir nous étions invités chez le colonel T., au club, ou chez les principaux personnages de l'endroit qui nous offraient à l'envi des dîners, des bals et des concerts. On ne peut avoir une idée du luxe et de la cordialité de l'hospitalité anglaise uax Indes lorsqu'on n'y a pas voyagé. Pour ma part, je puis compter le nombre des jours que j'ai passés en ce pays, par le nombre des invitations que j'y ai reçues.

Souvent nous retournions au Taj, et quelle que fût l'heure de la journée, nous éprouvions toujours des jouissances nouvelles en le regardant.

Le matin, alors que la lumière rose était encore incertaine, au milieu du jour, où doré par les rayons du soleil couchant, il offrait constamment le même coup d'œil magique.

Une nuit enfin, le colonel S... eut la bonté de le faire éclairer intérieurement par une foule d'Indous qui brandissaient des torches enflammées. Ce fut alors un specta-

cle fantastique, puis, tous se dispersèrent et je restai
seul, préférant contempler cette merveille au clair de
lune et dans le silence de la nuit. Il m'apparaissait ainsi
dans toute sa majestueuse simplicité et je restai longtemps dans la plus douce des rêveries.

Rien de si beau n'est sorti de la main des hommes.

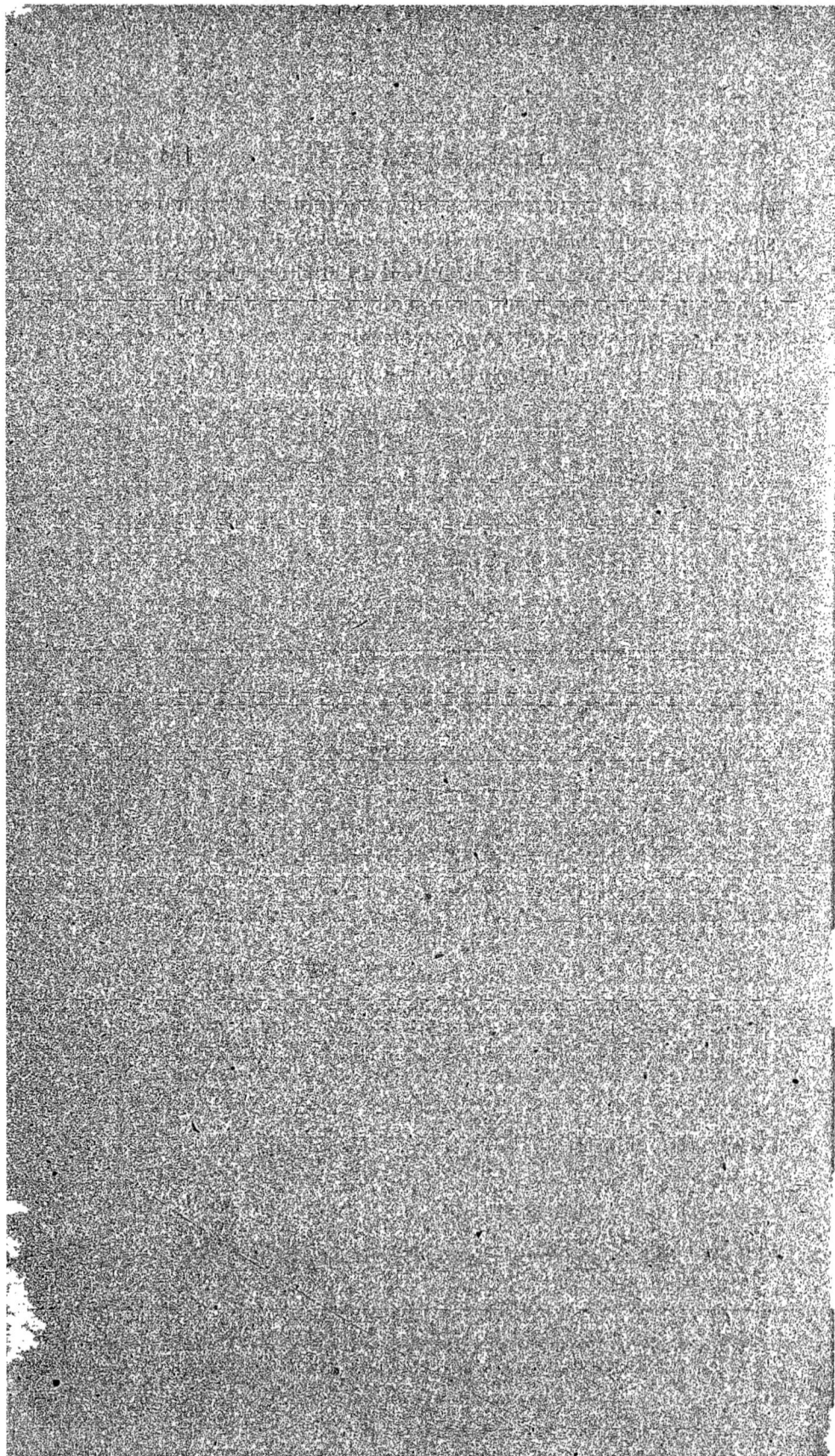

CHAPITRE XIII

Les environs d'Agra ne sont pas moins intéressants
que l'intérieur de la ville ; aussi un matin nous partîmes
en gari pour aller visiter *Fotipour Sikri*, situé à
vingt-quatre milles de là, et qui passe pour un des sites
les plus curieux du pays.

On désigne sous ce singulier nom, l'ensemble des
palais, forteresses, mosquées et pavillons qui formaient
la résidence d'été du fameux empereur Akbar, grand-
père de Schah-Jahan.

Ces bâtiments occupent l'emplacement d'une petite
ville, et ce qui les caractérise, c'est qu'ils sont entièrement construits en pierres rouges, sans aucune solive de

bois ni une seule ferrure. Les charpentes, les poutres, les
portes, les tables, les chaises, les caisses, les châssis des
fenêtres, les gonds sur lesquels elles pivotent et
jusqu'aux serrures, tout est en pierre : on jurerait une
ville pétrifiée par la baguette d'Aladin.

La porte principale, cintrée et légèrement ogivale, a la
dimension du grand portail de la cathédrale de Paris
et forme, à elle seule, un édifice spécial ; on ne peut rien
voir de plus majestueux.

Des bâtiments de toutes grandeurs sont jetés comme
au hasard à travers une série de cours pavées de mosaïques. La plupart d'entre eux servaient de résidence
aux femmes du harem impérial, et sont sculptés sur
toutes leurs surfaces, comme des objets d'orfévrerie.

La salle des durbars est soutenue par une foule
innombrable de colonnes toutes différentes les unes des
autres, et dont l'ensemble est pourtant très-harmonieux.
Nul ne comprend mieux que les Orientaux le principe de
la variété dans l'unité, cette grande loi de la nature,
le vrai charme.

La mosquée, avec ses galeries adjacentes surmontées
de mille petits dômes, couvre un espace immense. Sur
l'un des côtés de la cour centrale, on remarque un pavillon de marbre de Jeypour, travaillé avec une telle
finesse, qu'il fait l'effet d'un bijou d'ivoire. C'est un
tombeau que l'empereur a fait construire pour un prê-
tre qu'il aimait particulièrement. Les fenêtres de ce
pavillon sont de vraies dentelles de marbre d'un dessin
partout élégamment varié. Les rayons du soleil se ta-
misent en les traversant et donnent à l'intérieur une
lumière douce et voluptueuse.

Le marabout que renferme ce monument a laissé une
telle réputation de sainteté, que des Indous viennent

sans cesse des points les plus éloignés pour honorer sa
tombe et invoquer sa protection.

Une quantité de petits fragments de draps ont été
attachés sur les murs par ces pèlerins comme gage de
fidélité à leurs vœux ou aux serments qu'ils se font entre
eux.

Plus loin, s'élève une tour hérissée de défenses d'éléphants; c'est le tombeau de l'éléphant favori de l'empereur Akbar. Cette fantaisie ne manque pas d'originalité.

Puis c'est une vaste cour, entièrement dallée de carreaux de marbre noirs et blancs disposés comme un
échiquier.

Il paraît qu'Akbar se donnait le luxe d'y jouer des parties d'échecs dont toutes les pièces étaient représentées par
des femmes magnifiquement vêtues.

Enfin le palais du grand-vizir est trop beau pour que
j'omette de le citer, mais je n'en finirais pas si je cherchais
à décrire sa richesse et sa magnificence.

Cette habitation était celle de ce grand-vizir qui dit
un jour à l'empereur que, s'il devait mourir dans quelques jours, il les emploierait le plus gaiement possible.

Akbar voulut savoir si en pareil cas son ministre tien-
drait vraiment parole. Il le chargea donc de garder soigneusement un magnifique diamant et de le lui rendre
au bout d'un an sous peine de mort ; puis il lui expédia
un habile voleur, qui ne tarda pas à s'en emparer et le
lui rapporta aussitôt. Akbar, pour faire disparaître ce
bijou à tout jamais, le jeta lui-même dans la rivière, et
un mois avant le terme indiqué, appela son vizir et lui
demanda s'il était en mesure de lui rendre ce précieux
dépôt. Le malheureux, ne le trouvant plus, craignit d'être
soupçonné de l'avoir volé, et, bien que fort inquiet, il
répondit, sans se déconcerter, qu'il le remettrait au jour

fixé. Mais, dès-lors, il ne douta plus de sa mort pro-
chaine, et, fidèle à sa promesse, il passa le reste de
son temps au milieu de fêtes somptueuses et dépensa
très-gaiement toute sa fortune en quelques semaines.

Enfin, le dernier jour, il convia l'empereur à un
magnifique repas, où figurait un fort beau poisson que
l'on présenta d'abord à Sa Majesté. Qu'on juge de son
étonnement, lorsque en se servant Akbar trouva dans sa
cuillère le diamant perdu, que le poisson avait avalé par
distraction !

Le grand-vizir triompha ainsi sans le savoir, et depuis
il fut plus que jamais en faveur auprès de son excentrique
et terrible maître.

Toutefois Akbar ne se distingua pas seulement par ses
originalités et par les monuments qu'il fit construire, ce
fut le plus puissant et le plus grand des empereurs
mogols, le Charlemagne de l'Orient, car ses conquêtes,
en le rendant maître d'un empire de cent soixante millions d'hommes, lui ont permis de ne plus s'occuper,
durant le reste de sa carrière, que de la prospérité intérieure de son pays.

Jamais jusqu'alors, l'Inde n'avait été aussi unie, aussi
riche et aussi heureuse.

Akbar protégea tout particulièrement les arts, et c'est
sous son règne que s'élevèrent la plupart des beaux monuments qui bordent le Gange et la Jumna.

Le tombeau de ce monarque, situé à *Secundrah* près
d'Agra, est construit avec ce grès rouge dont on s'est
servi à Fotipour Sikri. Il se compose de plusieurs galeries aériennes, superposées les unes aux autres, et soutenues par des milliers de colonnes sculptées. Le sarcophage se trouve à l'étage le plus élevé, entièrement en
marbre d'une blancheur éblouissante, et par cela même

tranchant trop peut-être avec la couleur du reste de l'édifice.

Secundrah offre cependant un spectacle saisissant, et les jardins de manguiers et de tamarins qui l'environnent lui donnent l'aspect d'un oasis au milieu du désert.

Depuis longtemps nous désirions visiter quelqu'une de ces villes de l'Inde centrale, qui, éloignée des chemins de fer et des endroits fréquentés par les Anglais, ont conservé toute leur originalité native.

Nous profitâmes donc de notre séjour à Agra pour faire un petit voyage à Jeypour, une des curiosités du Radjapoutana.

Le 29 décembre, nous partions en dok gari, traversant lentement des plaines désertes et sablonneuses, entremêlées seulement de ruines, de mosquées ou de marabouts de loin en loin.

Vers le soir, on nous fit arrêter une heure dans une petite ville appelée Beurtpour, où régnait une affreuse famine.

En ce moment, une foule de gens stationnaient ou plutôt trépignaient autour d'une plate-forme où s'escrimait un vieillard en proie à la plus vive agitation. Il tenait des cartes rouges d'une main, une canne de l'autre, allant, venant, sautant et distribuant gratuitement des cartes aux uns, des coups de canne aux autres, souvent même les deux en même temps et généralement plus de coups que de cartes.

Ce spectacle nous parut invraisemblable, mais on nous expliqua que les cartes étaient des bons de riz dont on gratifiait les plus affamés, et que les volées de coups de canne s'administraient à ceux qui voulaient accaparer double ration.

Plus loin, une idole à trois têtes représentait, ou plutôt

grimaçait je ne sais quelle divinité malfaisante, une manière de diable, enfin. Si l'on s'étonne de voir des gens, doués d'ailleurs de quelque intelligence, adorer un monstre animé d'un si mauvais esprit, les Indous répondent : « A quoi bon servir un dieu juste et bienfaisant! Nous ne pourrons ni augmenter sa bonté, ni changer les lois de sa justice; tandis que le dieu du mal sera peut-être flatté de nos adorations, et il faut tâcher de conjurer sa férocité. »

Le bungalow de Beurtpour ne tenait en réserve que huit œufs et force riz au *curry*; triste régal si nous n'avions eu la précaution, en quittant Agra, de nous munir de quelques provisions Hélas! leur meilleure partie était réservée à une fin tragique, ainsi qu'on le verra plus loin.

Après ce festin, nous nous installons tant bien que mal dans notre *dok gari*, transformé en chambre à coucher par l'addition d'une planche, et nous nous endormons profondément. Mais le lendemain, à notre réveil, nous sommes surpris de ne sentir aucune secousse : le silence le plus absolu règne autour de nous. Nous regardons par la portière et voyons que l'eau nous entoure de tous côtés. C'est qu'en traversant un fleuve à gué, notre cocher s'était endormi et nos bœufs s'étaient arrêtés, au risque de nous laisser emporter à la dérive. Toutefois, de bons coups de rotin sagement administrés nous tirèrent d'embarras.

A ce sujet, Georges nous dit mystérieusement, qu'au milieu de la nuit, tandis que nous goûtions un innocent sommeil, notre attelage, mal conduit, avait reculé et failli nous faire dégringoler dans un précipice qui se trouvait là fort à propos pour nous recevoir!

Le bonheur ne consiste-t-il pas souvent à ignorer les dangers qui nous menacent.

Nous passâmes toute la journée dans notre chambre roulante, et nous employions le temps à lire, à étudier l'indostani ou à chanter *taza-ba-no-ba-no*.

De loin en loin s'élevaient au milieu des champs, de longues perches surmontées de vases blancs qui brillaient au soleil. Souvent déjà nous en avions vus de semblables, les prenant pour des épouvantails destinés à effrayer les oiseaux, mais on nous a expliqué que c'étaient des *arratys* qui avaient pour but de chasser le mauvais œil. Il paraît que les Indous craignant pour leurs récoltes les regards des gens mal intentionnés, espèrent les soustraire à cette pernicieuse influence en attirant les yeux de tous les passants sur cet objet éclatant.

Vers le soir, nous gravissons enfin la colline au sommet de laquelle se trouve Jeypour.

Le chemin est bordé d'élégantes maisons appartenant à des radjas, entourés de palmiers, de manguiers et de fleurs.

De jolis petits temples sont dispersés çà et là et un grand nombre de mosquées élancent comme des aiguilles de marbre leurs minarets vers le ciel.

De loin en loin, s'allongent des caravanes de chameaux conduites par des hommes barbus, à l'air sauvage. Ceux-ci ne ressemblent en rien aux Indous du sud; ce sont des Afghans qui transportent différents produits de leur pays, spécialement du raisin conservé dans du coton brut.

Tout à coup un splendide équipage fond sur nous avec cette impétuosité qui caractérise nos gardes nationaux en temps de paix. — Un Indou, magnifiquement vêtu et couvert de broderies d'or, conduit quatre chevaux à grandes guides. Derrière, une foule de gueux suivant, poursuivant, courant.

Quel est ce prince ? demandons-nous aussitôt.

Ce n'est pas un prince, c'est le cocher du Maha-Radja.

Bien qu'il fit déjà nuit lorsque nous arrivâmes au bungalow, notre premier désir fut d'aller immédiatement visiter la ville, située à un demi-kilomètre de là, mais on nous avertit qu'on allait en fermer les portes, et que nous courions le risque de ne plus pouvoir en sortir.

On prend cette précaution chaque soir afin d'empêcher les voleurs de piller les maisons et de s'en aller avec leur butin à la faveur de l'obscurité. D'ailleurs, toutes les villes de Radjapoutana sont presque toujours ainsi sous le régime militaire et, pour ainsi dire, en état de siége, par suite des guerres continuelles que se font entre eux les petits États qui le composent.

Georges, envoyé en éclaireur, nous déclara donc qu'il n'y avait rien à faire pour le moment, et nous apprit que si nous étions arrivés seulement quelques heures plus tôt, nous assistions aux combats d'éléphants qui avaient eu lieu le matin même. Qu'on juge de notre désespoir !

Le lendemain, nous nous empressâmes de faire visite au *résident* anglais, décoré du titre de *politic agent*, et sans lequel nous n'aurions pu faire un pas. Ce fonctionnaire voulut bien nous recommander au Maha-Radja, roi de Jeypour, ainsi qu'aux divers grands personnages et vizirs de l'endroit.

Jeypour est une des villes les plus riantes de l'Inde et renferme environ 60,000 habitants, musulmans en grande partie. Toutes ses maisons, construites en pierre, ou revêtues de marbre, sont d'une blancheur éclatante; enfin, les rues, spacieuses et bien nivelées, semblent avoir été tracées par un baron Haussmann.

Le bazar, au lieu d'être confiné dans un endroit spécial, se déploie sur deux grands boulevards qui se coupent à angles droits et partagent la ville en quatre quartiers égaux.

On y voit des marchands de bric-à-brac et d'armes de toutes sortes. Ils vendent surtout des sabres, des poignards, des lances aux formes bizarres et des boucliers en cuirs de rhinocéros, étalant sans crainte leurs marchandises au milieu du chemin. Les voitures sont trop rares pour les déranger. Quant aux chevaux et aux ânes, ils marchent tous sur une ligne et se détournent facilement. Les bœufs seuls sont à craindre, car ces animaux sacrés sont encore plus impertinents à Jeypour qu'à Bénarès. Ils bousculent la foule impitoyablement et s'emparent de tout ce qu'ils trouvent à leur convenance. Souvent même ils pénètrent dans les boutiques de grains ou de légumes, et s'y établissent à demeure sans que personne songe à les en empêcher. Cependant certains marchands, menacés d'un pillage complet, parviennent à détourner le cours de leurs idées au moyen d'une sébile remplie de fleurs que ces saints animaux daignent aimer particulièrement. Ils les conduisent ainsi chez un voisin qu'il serait cruel de priver d'un tel honneur. Mais ceux qui agissent de la sorte sont évidemment des impies, des gens sans foi ni loi, et que Dieu punira un jour ou l'autre.

Ce qui nous a frappé dès le premier jour, c'est que, dans cette singulière ville, quatre hommes sur dix portent un large foulard autour de la tête et du menton. Nous pensions d'abord qu'ils avaient tous de violents maux de dents, mais nous ne pouvions nous expliquer pourquoi les femmes seules en étaient exemptes. Or, il paraît que c'est par coquetterie qu'ils s'affublent de la sorte. En effet, cette mentonnière retient, jour et nuit, leur barbe relevée et pressée contre les tempes ; de sorte que, dans les grandes circonstances, ils n'ont qu'à la retirer pour obtenir une barbe qui se dresse latéralement comme les soies d'un porc-épic.

Le palais du Maha-Radja, situé près du bazar, occupe à lui seul tout un quartier.

Cet immense bâtiment renferme le harem, plusieurs pavillons spécialement affectés au prince et à sa famille; d'autres servent aux assemblées solennelles ; des salles de durbars, des parcs, des cours, des casernes, un arsenal, des forges, fonderies, etc.

Les Indous croient volontiers que les Européens, soutenus par je ne sais quelle puissance infernale, sont à la fois médecins, mécaniciens, architectes, généraux, soldats, enfin aptes à tout. Aussi un photographe anglais, fort intelligent et encore plus entreprenant, a pu, sans peine, captiver la confiance du Maha-Radja qui l'a mis à la tête de tous ses grands travaux et lui sert un traitement de quarante mille francs par an.

Cet industriel a trouvé le moyen de lui fabriquer déjà plusieurs canons et, qui plus est, une espèce de petit bateau à vapeur blindé, avec tous les vieux morceaux de fer qu'il a pu trouver dans le pays.

Sur une terrasse élevée, se trouve un observatoire, datant de Jeysing, le fondateur de la ville, qui était un astronome et un mathématicien distingué. On y remarque un théodolite orienté dans le méridien, un cercle placé dans le plan de l'écliptique et plusieurs autres instruments d'astronomie.

L'intérieur du palais est d'une grande richesse et couvert de fresques qui le distinguent essentiellement des palais habités par des musulmans. Parmi ces dessins grossièrement faits, on remarque un effroyable portrait de Kali.

Cette déesse roule des yeux sanglants ; son cou est orné d'un long collier, dont chaque anneau est une hideuse tête de mort. L'une provient d'un individu qui a succombé à la petite-vérole, l'autre est celle d'un lépreux, une troisième vient d'un noyé ou d'un pendu, et ainsi de suite.

Cette divinité tient ses six bras en l'air comme un homard. De l'un, elle met un éléphant tout caparaçonné dans sa bouche, du second elle empoigne un char à bœufs tout attelé et brandit avec les autres une collection de sabres, poignards, etc., tout en écrasant avec ses pieds une foule de cadavres, afin de ne pas perdre de temps.

Mais je préfère à ce genre de fresques les délicieuses mosaïques de glaces à filets d'or, recouvertes de verres de couleur dont certaines pièces sont entièrement garnies. C'est l'idéal du joli : quand les rayons du soleil viennent s'y jouer, on se croirait dans un palais de fées.

Du côté du bazar, courent de longues galeries dont les fenêtres grillées permettent de voir sans être vu. Ces fenêtres se distinguent des moucharabis turcs en ce qu'elles sont en pierres massives qui font corps avec le mur. Simplement percées de quelques petits trous, elles sont richement sculptées en dehors, ainsi d'ailleurs que toute la façade.

Les jours de fêtes populaires, d'illumination ou de bataille entre bêtes féroces, les femmes descendent du harem et se réunissent dans ces galeries, heureuses de trouver un peu de distraction à leur luxueuse, mais mortelle oisiveté.

Le Maha-Radja est affligé de deux mille femmes, c'est-à-dire qu'il s'est réservé pour lui seul toutes les jolies femmes du pays.

En qualité de propriétaire de son royaume, il se con-

sidère comme ayant le droit de prendre toutes les jeunes
filles qui lui plaisent, et, en effet, chaque famille s'empresse à l'envi de lui faire accepter quelqu'une des
siennes.

Il paraît que les choses ne marchent pas toujours bien
régulièrement dans le *harem*. Quinze jours avant notre
arrivée, le grand-vizir fut chargé par le Maha-Radja d'y rétablir l'ordre et d'y opérer plusieurs réformes. Or, lorsqu'il
se présenta dans cet honnête établissement, les odalisques
le repoussèrent violemment en déclarant qu'elles n'entendaient pas qu'on mît le nez dans leurs affaires, puis
elles se précipitèrent sur lui et l'assommèrent si bien à
coups de narghilés, de tchibouks et autres engins qui ne
s'étaient jamais crus si méchants, que le malheureux
était encore au lit, le corps en compote, au moment de
notre séjour à Jeypour !

Le palais renferme aussi un certain musée, soi-disant
scientifique, dont la ville est très-fière. On y voit une gra-
vure coloriée représentant le prince Poniatowski à cheval, des boîtes à musique cassées (elles le sont toujours),
une vieille balance, une machine électrique de foire,
avec sa bouteille de Leyde, cinq ou six vases de porcelaine, un serre-papier d'albâtre, quelques drogues de
pharmacie et une horloge ornée d'un saint Pierre et de
sa clef.

En sortant, nous rencontrâmes le directeur du grand
collège de Jeypour dont on nous fit faire cérémonieusement la connaissance.

Comme il nous parlait avec orgueil, avec amour de
son établissement, nous eûmes, dans un moment d'erreur,
la faiblesse de le prier de nous y conduire. Vous pensez
bien qu'il ne se le fit pas dire deux fois. D'ailleurs, il

était assez intéressant pour nous, de connaître le mode d'éducation aux Indes.

Lorsque nous arrivâmes, une centaine d'enfants, à demi-couverts de vêtements bariolés de toutes les nuances de l'arc-en-ciel, jouaient sérieusement dans la cour ; on nous fit monter ensuite dans une grande salle où se trouvaient des garçons plus âgés et, assura-t-on, déjà fort instruits.

A un signe du directeur, ils se placèrent en silence sur deux longs bancs parallèles, et entonnèrent un air monotone dont les paroles étaient la série des nombres en anglais — *one, two, three, four, five...,* etc. Ils y allaient avec tant d'entrain et leurs nombres atteignaient déjà de telles proportions, que je commençais à concevoir de sérieuses inquiétudes lorsqu'on apporta un tableau représentant un chien, diversion utile et nécessaire.

— Quel est cet animal, dit le professeur d'un ton doctoral ?

— *Dog, dog, dog, dog,* crièrent-ils, tous ensemble.

— Et celui-ci, ajouta-t-il en montrant une tête d'âne ?

Mais cette question était un peu difficile, et chacun répondit d'une manière différente, comme les journaux les mieux informés de Paris. L'un dit : *horse,* l'autre *ass,* un troisième *mule.*

Puis, passant à un ordre d'idées plus élevé, il poursuivit :

— Comment appelle-t-on les animaux qui mangent de la viande ?

Carnivoraces, carnivoraces, carnivoraces.

— Très-bien. Et ceux qui se nourrissent de graines ?

— *Granivoraces, granivorons, granivoram.*

— Vous-même, qu'êtes-vous? dit-il en s'adressant à un enfant dont les yeux pétillaient d'intelligence.

— Moi, répondit le môme sans hésiter; je suis *herbi-vorace*. Et, en effet, il appartenait à la caste des brahmines, qui ne se nourrissent que de légumes.

— Maintenant expliquez-nous ce que c'est que la brise.

Aussitôt, tous de se frotter les mains l'une contre l'autre, en sifflant légèrement entre leurs dents.

— Et le grand vent?

Ils répondent en renforçant le sifflement. Enfin, pour l'orage, ils ajoutent des claquements de mains et des coups de pieds frénétiques.

N'ayant pas entendu la dernière question, je crus qu'ils en étaient à l'arrivée d'un bateau à vapeur et m'attendais à un naufrage, ou à quelque cataclysme épouvantable; mais tout rentra dans le silence sur un signe du maître. Alors il se retourna de notre côté d'un air enchanté et nous demanda, avec une humilité affectée, si nous étions satisfaits.

Après avoir présidé à cet examen, et dûment édifiés sur l'intelligente éducation que l'on donnait aux enfants de Jeypour, nous allions nous retirer, lorsque le directeur de l'établissement apporta un grand registre et nous pria d'y inscrire nos noms, en y ajoutant un témoignage de notre satisfaction, dans le cas où cette visite nous aurait intéressés.

Longfellow s'exécuta de bonne grâce, mais mon embarras fut grand lorsque mon tour arriva, car n'étant pas fort comme un Turc sur la grammaire anglaise, je craignais d'écrire moins bien que les collégiens indous. Je m'en tirai cependant par cette phrase courte et bien sentie :

This establishment is very astonishing.

Après avoir employé le reste de la journée à flâner dans le bazar, nous comptions faire un repas princier grâce aux fameuses provisions apportées d'Agra. Hélas ! pendant notre absence, un scélérat de chien paria, par l'odeur alléché, s'était traîtreusement introduit dans notre bungalow et avait dévoré toutes nos espérances. Nous jurâmes de le tuer s'il reparaissait, mais sa prudence fut à la hauteur de son appétit.

La veille d'un jour de l'an, en être réduit à manger un peu de riz et à boire une bouteille de limonade gazeuse en l'honneur de l'année 1869 !

Le lendemain, nous tentons de visiter les ruines d'Amber, l'ancienne capitale, situées à plusieurs lieues de Jeypour, mais ce n'est pas chose si simple. Aucun conducteur de char ou de *gari* ne veut nous y conduire et plusieurs fakirs nous appellent *djiaours* (chiens de chrétiens).

Cependant le 2, le colonel B., *résident* anglais, a la bonté de venir nous prendre dans son bel équipage pour nous faire faire cette excursion.

Nous traversons ainsi au grand galop la vallée voisine, et nous trouvons un éléphant richement caparaçonné que le Maha-Radja avait envoyé pour nous faire gravir solennellement une colline escarpée des plus pittoresques. Le chemin qui la sillonne en zig-zag, sur une longueur de deux ou trois milles, est bordé de murs crénelés comme ceux de nos anciennes villes du moyen-âge.

Enfin nous parvenons à un vaste perron au dessus duquel s'élève le vieux palais des rois de Jeypour.

Au milieu de jardins d'orangers et de manguiers ornés de fontaines et de cascatelles, se trouve une salle de durbars, dont toutes les colonnes sont en marbre blanc incrusté d'or et de pierres précieuses. De cet endroit féerique, on jouit d'une vue charmante qui, par-dessus les montagnes voisines, s'étend jusqu'à la plaine de la ville nouvelle.

Quelques jours après, le colonel B. vint de nouveau nous prendre dans sa voiture à quatre chevaux, précédée d'un coureur et d'une douzaine de lanciers.

Il s'agissait d'aller au palais du Maha-Radja qui, avec une politesse toute orientale, avait bien voulu venir tout exprès de la campagne pour nous donner audience.

Dans la cour d'honneur se tenaient une foule de domestiques revêtus de leurs plus riches costumes et un bataillon de soldats sous les armes.

Le premier ministre et le général en chef vinrent aussitôt à notre rencontre pour nous conduire dans la salle des durbars, où le roi nous attendait, entouré de ses vizirs et des grands personnages du pays ; tous étaient magnifiquement recouverts de longues robes de soie violette ou noire brochées d'or et bordées de cachemire.

La plupart avaient d'énormes barbes hérissées suivant la mode du pays, et paraissaient en être très fiers.

Le Maha-Radja est un petit homme, maigre et chétif, avec de longs cheveux noirs plaqués sur les tempes. Ses yeux mourants et sa figure atone annoncent un épuisement total et incurable. Pour la circonstance, il s'était fait peindre fraîchement un superbe *menham* au milieu du front. Cette marque rouge, entourée de deux filets blancs est, comme on sait, le symbole des forces procréatrices, mâle et femelle. C'est l'émule du lingham.

Le dévouement du roi aux deux mille femmes de son harem serait taxé en Europe d'inconduite et d'immoralité, et l'on citerait son état comme une triste suite de ses excès ou une punition de Dieu. Aux Indes, au contraire, chacun admire sa vertu et le considère comme un martyr de sa religion.

Après avoir daigné nous adresser quelques paroles bienveillantes, ce saint personnage s'assit sur un trône et nous plaça, ainsi que ses vizirs, en demi-cercle autour de lui au fond de la plus grande salle du palais.

Cette assemblée où l'on traite soi-disant les hautes questions politiques du pays, est ce que l'on appelle aux Indes un *durbar*. Cependant cette réunion n'exclut pas une certaine gaieté.

Voici, en effet, comment les choses se passèrent sous nos yeux, et on nous a assuré qu'il en était toujours de même.

Après un quart d'heure de conversation, une trentaine de bayadères firent leur entrée, puis, sous la direction d'une vieille mégère à la voix de stentor, dansèrent et chantèrent de leur mieux, bien que les seigneurs de la cour affectassent de ne pas même les regarder. Il paraît que cette manière de tenir les grands conseils de lE'tat est plus sérieuse qu'on ne pourrait le croire au premier abord, et que le bruit que font les danseuses permet aux ministres de discuter les affaires avec leurs voisins sans être entendus de tous leurs collègues.

Après une bonne demi-heure de danse, c'est-à-dire de séance et de dévouement aux affaires de Jeypour, nous fîmes un mouvement de tête gracieux signifiant que nous étions extrêmement satisfaits et que nous ne voulions pas abuser des précieux moments du Maha-Radja, brûlant sans doute d'aller se dévouer de quelqu'autre manière pour le bonheur de son peuple. Tout le monde se leva aussitôt, et notre royal hôte nous mit autour du cou des colliers de drap d'or en signe d'affection. On apporta ensuite dans une corbeille d'autres colliers semblables, et le colonel B. nous dit confidentiellement de les mettre à notre tour au cou du Radja, ce que nous exécutâmes de

suite, à sa grande satisfaction, bien que ce fussent ses
propres cadeaux.

Enfin il se colla successivement contre chacun de nous,
lui mettant les bras par dessus les épaules et lui administrant deux bons coups de poing dans le dos, politesse
qu'il fallut rendre incontinent.

Heureusement, l'honorable résident anglais n'était pas
disposé à la plaisanterie, car, sous prétexte d'étiquette
indoue, il aurait pu facilement nous faire faire en présence
du Radja les sottises les plus monstrueuses.

Ce pauvre prince passe pour avoir dix millions de roupies de revenu. Sur cette somme il doit, il est vrai, préle-
ver six cent mille roupies pour *la vieille dame de Londres*; quant au reste, et c'est là tout l'actif du budget de
son royaume, il l'emploie pour son compte particulier,
sans se soucier du soin de l'État, de l'organisation de la
justice et des autres petits détails de ce genre.

Comme il n'y a pas de bonne fête qui n'ait une fin, le
dimanche matin nous repartîmes en *gari* et le lendemain soir nous étions de retour à Beurtpour.

Cette fois, à peine arrivés, un homme vêtu de noir
vint nous dire tout bas que le Radja de l'endroit l'envoyait pour faire tout ce qu'il nous plairait de lui com-
mander. En conséquence, nous composâmes pour notre
dîner un menu confortable, mais en pratique on ne nous
apporta que des œufs crus et du vin de Champagne ; puis
un maître d'hôtel, en longue robe blanche, nous présenta
cérémonieusement une boîte de cristal ornée de pierres
fines renfermant, disait-il, un trésor venu d'Europe, et
que l'on gardait précieusement pour les grandes occasions.
Vérification faite, cette relique était un morceau de fromage de gruyère à demi-fondu par la chaleur des étés
précédents !

Beurtpour possède une ménagerie assez curieuse. On y voit des tigres de toute beauté, des ours, des petits chevaux de Cachemire qui gambadent librement de tous côtés ; enfin nous y avons remarqué un antilope appelé *mohr*, que je n'avais jamais rencontré jusqu'ici dans aucune autre partie du monde. C'est une espèce de cerf de la grandeur d'un âne, tenant droite et haute une tête qu'ombrage une magnifique ramure. — Mais les promeneurs nous intéressaient plus que les animaux. Parmi eux se trouvaient des espèces d'albinos que les Indous appellent *Kakrelaks*. Ces malheureux, assez nombreux dans l'Inde, ont la peau d'une blancheur blafarde et sont repoussés par tous, parce qu'on les considère comme des lépreux ; il en résulte dans l'esprit du peuple un préjugé contre tous ceux qui ont la peau blanche, lequel rejaillit sur les Européens et contribue à les faire mépriser.

Le palais du Maha-Radja de Beurtpour serait une habitation royale en Europe, mais il y en a tant d'autres aux Indes que je n'en parlerai pas longuement. Un magnifique escalier de pierre nous conduisit à de vastes galeries situées au premier étage, comme toujours décorées de mille arabesques et de charmants bas-reliefs ; mais on est étonné d'y trouver un ameublement que renierait le sous-préfet de Carpentras.

A la porte de chaque salle se trouvaient des soldats auxquels on avait enjoint de nous présenter les armes. Or, chaque fois que nous passions près de l'un d'eux, il jetait son fusil en l'air d'une façon si grotesque qu'il était difficile de ne pas éclater de rire.

Parmi les tableaux qui décorent ce palais, figurent : Napoléon Ier, Napoléon III, la reine d'Angleterre, une entrée de la troupe du cirque américain à Londres, le

Pape, Thérésa, Luther, le Jugement dernier, une
épreuve de géométrie descriptive et le Bal de l'Opéra.

Le Maha-Radja, sachant que nous avions l'intention de
nous rendre à Dig, nous envoya le soir même une voiture
invraisemblable traînée par deux énormes chameaux couverts de housses écarlates frangées d'or. Si cet équipage
était incommode, du moins on n'en avait jamais vu de
plus bizarre. Nous arrivâmes ainsi le lendemain matin à
la petite ville de Dig, qui renferme un palais digne des
Mille et une Nuits.

Les quatre pavillons qui le composent sont construits
en granit rouge et en marbre de Jeypour, et présentent le
modèle le plus parfait de l'architecture indoue. Les colonnes qui les soutiennent sont cannelées et renflées vers la
base, suivant une courbe très-harmonieuse. Ces palais sont
disséminés au milieu d'un parc ravissant, dans lequel on a
réuni tout ce que l'art indou a de plus riche et de plus
fantaisiste. Ce sont des canaux, des étangs artificiels
garnis de margelles de marbre sculpté, des parterres de
fleurs aux couleurs éclatantes, des manguiers, des bananiers, des orangers et une foule de plantes tropicales
dont les fleurs parfument l'air et les fruits jonchent le
sol.

Ici, de gracieux portiques, de longues colonnades, des
fontaines, des cascatelles et des jets d'eau de toutes sortes.

Là, de légers arcs de marbre de forme ogivale qui en-
cadrent la vue d'une manière charmante. Ces délicieux
petits monuments se profilent eux-mêmes sur le ciel
comme une fine dentelle sur du velours bleu. L'effet en
est merveilleux. Quelles fêtes, quelles illuminations pourraient donner un Louis XIV dans un pareil palais!

Au moment de quitter ce lieu de délices, l'intendant
chargé de représenter le Radja encore en bas âge, vint

nous offrir un superbe *dôli*, c'est-à-dire qu'il fit déposer à nos pieds deux corbeilles de fleurs et de fruits de la grandeur d'une roue de voiture, puis il me présenta une poignée de roupies. Connaissant heureusement l'usage adopté par les Anglais en pareil cas, je touchai l'argent du bout des doigts en signe d'acceptation, mais je me gardai bien de le prendre. Après cette formalité suivie d'une foule de salamalecs, nous reprîmes notre voyage dans la direction de Mattrah.

Chemin faisant, notre guide nous fit arrêter, bon gré malgré, à Goverdon, disant qu'il était de notre devoir de touriste de visiter un palais non moins remarquable que ceux que nous avions vus jusqu'alors. Nous y allâmes presqu'à contre-cœur, mais nous en fûmes récompensés.

La façade du palais de Goverdon est aussi riche qu'élégante ; les petits kiosques des angles sont d'une légèreté charmante ; quant aux galeries intérieures, elles sont ornées de fresques représentant des batailles et différentes scènes de la mythologie indoue, avec la naïveté de nos peintures du moyen-âge.

Il est impossible de décrire dans un récit comme celui-ci, les palais que l'on rencontre à chaque pas dans l'Inde ; un dictionnaire suffirait à peine à les énumérer ; d'ailleurs un monument se voit, mais ne se raconte pas.

Mattrah, placé sur le chemin de Delhi, constitue une étape assez intéressante. C'est une petite ville, mais très-populeuse et très-animée. On y remarque une foule de temples, un bazar assez pittoresque et une station militaire que les Anglais ont établie à peu de distance dans la campagne, afin d'entretenir la population dans de bons sentiments.

CHAPITRE XIV

Après ces diverses journées passées à cheval, à dos
d'éléphant, en char à bœufs ou à chameaux, j'avoue que
ce fut pour nous un vrai plaisir de retrouver le chemin
de fer de l'ouest, qui en treize heures nous conduisit à
Delhi, l'ancienne capitale de l'empire mogol.

Cette ville, quoique bien déchue de son ancienne splendeur, renferme encore cent-soixante mille habitants. Presque tous descendent des anciens conquérants arabes, tartares ou persans et sont musulmans. Ils n'ont que peu de
ressemblance avec les autres Indous; leur peau est moins
noire, leur attitude plus mâle; enfin ils ne mâchent pas
de feuilles de bétel et ne se peignent pas de lingham au
milieu du front comme les sectateurs de Brahma.

Delhi est, après Calcutta, la ville la plus étendue de
l'Inde. Les empereurs mogols l'ont entourée d'une enceinte de fortifications, autrefois formidables, et dont

l'apparence est encore très-imposante; mais il paraît qu'en 1857 les premiers coups de canon firent sur elles le même effet que les trompettes célestes au siége de Jéricho : le seul bruit des détonations fit dégringoler des pans de murs entiers.

Au point de vue pittoresque, Delhi est loin d'égaler Bénarès. Les maisons assez régulières extérieurement, sont construites sur un terrain horizontal et les rues, tirées au cordeau, ornées de trottoirs et se coupant à angle droit, ressemblent un peu à celles de nos villes de province. En revanche, on ne trouve en aucune partie de l'Inde une plus grande quantité de riches produits industriels. La ville tout entière est un vaste bazar, mais les principaux marchands se sont groupés de préférence sur une avenue appelée *Chandeny chok*, qui a deux milles de longueur. Elle rappelle les boulevards de Paris, seulement le trottoir, bordé d'une double rangée de tamarins, est placé au centre au lieu d'être sur le côté. C'est là que les élégants viennent se promener nonchalamment en se drapant dans leurs superbes robes de soie bleue ou violette brodées d'or.

Les boutiques ne présentent pas comme chez nous un étalage éblouissant; loin de là, on les prendrait au premier abord pour de misérables échoppes; mais si l'on se donne la peine d'escalader dans l'obscurité les marches menaçantes d'un escalier vermoulu, on trouve au premier étage des magasins où sont soigneusement enfermés les plus riches étoffes, des soieries magnifiques, des cachemires brochés de perles, des tissus d'or et d'argent et des bijoux de la plus grande valeur. Le fameux *Manick Chund*, notamment, nous a éblouis par la beauté des objets qu'il a étalés à nos yeux ; et il a eu l'habileté de me faire acheter malgré moi, un tapis de table brodé de soie et d'or, qui a ravi d'admiration tous ceux qui l'ont vu.

Bien qu'il n'ait pas la valeur d'un cachemire, je crois qu'il est impossible de trouver rien de plus beau en ce genre, même à Constantinople. Si j'en excepte, toutefois, la couverture que le Radja de Baroda a fait faire pour le tombeau de Mahomet, et dans laquelle on a broché pour plusieurs millions de perles, rubis, diamants et autres pierres précieuses.

Cependant, de crainte de nous laisser entraîner aussi à de folles dépenses, nous quittâmes bien vite le *Chandeny chok* pour aller visiter le reste de la ville.

Le monument le plus remarquable de Delhi est la *Jumna mosjid*. Cette grande mosquée passe pour être le plus magnifique spécimen de l'art indo-musulman; néanmoins, elle ne m'a pas produit une impression aussi saisissante que le *Taj* d'Agra.

Qu'on se figure, sur la partie la plus élevée de la ville, une immense cour admirablement nivelée et dallée, à laquelle on arrive par de splendides escaliers en terrasse. Trois de ses côtés sont bordés par des galeries ornées d'une série d'élégantes petites coupoles, et sur le quatrième s'élève le bâtiment principal. Celui-ci est en granit rouge et surmonté de trois dômes légèrement renflés à la base, le tout relevé aux angles par de gracieux minarets.

L'aspect général de la *Jumna mosjid* est très-grandiose, et je crois qu'extérieurement elle peut rivaliser avec nos plus belles cathédrales; mais l'intérieur leur est très-inférieur. Ses murs, nus et dépourvus d'ornements, sont d'une simplicité d'autant moins satisfaisante au point de vue artistique, qu'elle n'est pas rachetée par l'harmonie des grandes lignes.

Toutes les fois que l'on visite une mosquée, on ne

12*

peut s'empêcher d'admirer la piété des musulmans et la ferveur respectueuse avec laquelle ils récitent leurs versets du Coran.

Quelle que soit l'allure des visiteurs, ils ne se dérangent jamais ; rien ne peut les distraire ; la belle Mme X. ., viendrait en personne qu'ils ne la regarderaient même pas !

Ce serait une erreur de croire que cette dévotion est exclusivement extérieure ; car, il faut le reconnaître, la religion musulmane se rapproche beaucoup du déisme pur, et est une de celles qui renferme le moins de superstitions et de petites pratiques.

Dans leurs prières, les musulmans s'adressent toujours directement à Dieu et n'attachent que peu d'importance à leurs saints ou *santons;* aussi proscrivent-ils les images et les statues qui pourraient les représenter, trouvant qu'aucune d'entre elles ne mérite de troubler leurs regards dans le temple d'Allah. Ils pensent surtout que c'est un sacrilége de faire une figure ayant la prétention de représenter Dieu, car, disent-ils, le plus beau chef-d'œuvre sorti de la main des hommes ne peut être qu'une caricature comparativement à la réalité. Cette idée est la cause de la nudité de leurs temples ; mais il faut le reconnaître, elle a empêché l'islamisme de dégénérer en idolàtrie, ainsi qu'il est arrivé à des religions beaucoup plus spiritualistes, dans presque tout l'univers et surtout en Asie.

Les musulmans instruits sont toujours très-portés aux études philosophiques, et s'assimilent volontiers ce qu'ils trouvent de bon dans les religions les plus étrangères à la leur, tout en abritant les courants d'idées les plus opposées sous le croissant de Mahomet ; aussi est-il digne de remarque que les conquérants de l'Inde n'aient rien pris des doctrines brahmaniques. Bien que les livres sacrés de l'antiquité indoue aient pu apporter un utile appoint à leurs recherches métaphysiques, aucune fusion morale ne s'est produite entre eux. Leur philosophie et leurs sciences théologiques, de même que leurs arts et leur architecture, semblent exclusivement inspirés par la civilisation des Persans.

Nous causions ainsi en quittant la Jumna mosjid, lorsqu'un vieil *iman* vint nous proposer de nous faire voir, moyennant un *bakschich,* les sandales et trois poils de la barbe de Mahomet; mais nous déclinâmes cet honneur, au grand ébahissement du pauvre gardien de ce trésor, qui ajouta naïvement : « *Alors pourquoi donc toi venir à Delhi?* »

Le grand perron de la mosquée est l'endroit le plus animé de la ville ; il y règne un mouvement indescriptible. La foule se réunit là pour assister à l'arrivée de pigeons voyageurs, lâchés aux environs, et faire des paris ; c'est le grand sport de Delhi. Plus loin, des enfants, armés de longues perches couvertes de glu, prennent des petits oiseaux, à la grande satisfaction des badauds ; d'autres lancent des cerfs-volants ; des marchands de friandises encombrent le peu de place qui reste, et l'on ne sait plus comment passer sans écraser un fakir en prière, ou le cobra de quelque charmeur de serpents.

Un Anglais a eu l'heureuse idée d'établir à Delhi une auberge très-supérieure aux *bungalow* que nous avions rencontrés jusqu'alors, même à celui de Bénarès. Elle renferme plusieurs chambres enrichies de portes et même de fenêtres ; enfin on est assuré d'y trouver de quoi manger sans avoir besoin de l'apporter soi-même. Aussi, est-ce le rendez-vous de tous les nouveaux mariés, et par suite d'une foule de colporteurs. En ren-

trant vers cinq heures du soir, nous trouvâmes une
quantité de ces marchands qui nous avaient attendus
patiemment dans la cour depuis neuf heures du matin !
aussitôt, ils fondent sur nous et se ruent dans nos chambres qu'ils transforment en boutiques, étalant des sabres et des armes damasquinées, des étoffes, des robes
de bayadères, des bijoux, et des curiosités de toutes sortes. L'un gratte une guitare incrustée d'ivoire, l'autre
fait résonner de petites cymbales d'argent où nous attire
dans un coin pour nous montrer, sous le sceau du secret, des peintures sur ivoire, capables de faire frémir le
prophète !

On nous tire par les bras, par les jambes, par les
habits ; un grand diable nous fait respirer de force des
parfums empestés, tandis que d'autres entassent autour
de nous des châles, des tapis et des tissus de toute
sorte, au risque de nous étouffer !

Les sauterelles ne furent pas plus indiscrètes du temps
de feu le roi Pharaon.

Ce ne fut qu'à grands coups de poing que nous parvînmes à mettre ces assassins à la porte. Les malheureux m'avaient pris pour le nouveau marié de la chambre voisine.

Après la Jumna Mosjid, le monument le plus intéressant de Delhi est le palais du Grand-Mogol. Il se compose
d'une série de bâtiments de différentes grandeurs, placés,
comme par hasard, dans l'intérieur d'une forteresse qui
baigne ses murs dans la Jumna. On y remarque surtout
la salle des durbars. Ce pavillon, tout en marbre blanc,
est soutenu par de ravissantes colonnes et incrusté
d'arabesques, dont les festons et les entrelacs sont en
or et les fleurs en pierres précieuses. Sur le frontispice

on a écrit en persan « *S'il y a un paradis sur la terre, c'est ici, c'est ici !* »

C'est là que se trouvait autrefois le merveilleux trésor du Grand-Mogol, renfermant entre autres magnificences, des diamants énormes, des coupes de rubis et surtout ce fameux trône en or massif dont on a tant parlé et que l'on évaluait à cent cinquante millions de notre monnaie. Mais ce trône, Mahmoud-Sha ne sut pas le défendre, en 1739, contre l'invasion de Nadir-Sha, qui vint battre ses six cent mille soldats avec un ramassis de cinquante ou soixante mille brigands persans. On peut avoir une idée de la quantité de richesse que renfermait Delhi, en songeant que, d'après le sceptique Voltaire lui-même, Nadir-Sha emporta pour environ quinze cents millions d'objets précieux, à la suite du sac de la ville.

Les Anglais avaient toléré jusque dans ces derniers temps, l'existence d'un fantôme de Grand-Mogol sur le trône impérial ; ils lui payaient une pension de plusieurs millions et se servaient quelquefois de lui pour gouverner les fanatiques. Mais lors de l'insurrection de 1857, le dernier Timouride ayant servi de centre de ralliement aux rebelles, ils l'envoyèrent finir ses jours au fort de Vélore et supprimèrent définitivement cette sinécure, ce qui fut en même temps pour eux une heureuse économie.

Je le regrette au point de vue de la couleur locale, tout en félicitant l'Inde d'en être débarrassée. Certes, il serait à désirer pour les Indous qu'ils pussent se gouverner eux-mêmes ; mais, comme il est évident qu'en raison même de leurs qualités et de la douceur de leur caractère, ils seront toujours conquis et opprimés par des peuples plus guerriers, je trouve qu'il est plus avantageux pour eux d'être gouvernés sagement par des Anglais

que d'être, comme par le passé, pillés par des Tartares,
des Persans, des Afghans ou des Sykhs.

Cependant, en voyant l'orgueilleux empire des grands-
mogols écroulé et disparu comme un songe, les musulmans de l'Inde doivent être confondus et répéter plus
que jamais : « Dieu seul est grand. »

On se représentera parfaitement l'état pitoyable dans
lequel étaient tombés les derniers Timourides en lisant
le récit suivant, que j'emprunte à l'intéressant ouvrage
de M. de Lanoye, et qu'il intitule — Un durbar du
Grand-Mogol :

« Sur l'avis que tout était prêt au palais, nous nous
rendîmes à l'audience en grande pompe, précédés et suivis d'une forte escorte d'hommes : cavalerie, infanterie,
domestiques et huissiers, le tout terminé par une troupe
d'éléphants richement caparaçonnés. Portés en palanquin
jusque dans la première cour du palais, où la garnison était
sous les armes et battait aux champs, nous y fûmes reçus
par le premier ministre, suivi d'une légion de vieillards,
ombres des *omrahs* des anciens jours, et tous décorés
à ce titre de longues cannes à tête d'or. »

Descendus de nos véhicules, nous pénétrâmes sous
un second portique revêtu d'élégantes sculptures, mais
sale, mais délabré, à l'extrémité duquel nos guides, tirant un rideau, se mirent à crier en cadence : *Voici l'ornement du monde! l'asile des nations! le roi des
rois! l'empereur Mohammed-Akbar-Bahadoor schah,
toujours juste, fortuné et victorieux!*

Nous étions dans la salle des audiences, sorte de halle
carrée, dont le toit en terrasse est porté sur une quadru-
ple rangée de piliers. Une balustrade très-basse forme
seule ses arcades. Son aire domine de quelques pieds le
sol environnant, et on y monte par plusieurs marches de

chaque côté. Ce petit édifice est entièrement de marbre blanc, relevé de coupoles gracieuses, de fleurs et d'arabesques en relief et dorées.

Après avoir incliné trois fois la tête en approchant la main droite du front, nous laissâmes sur les marches nos babouches parmi la multitude de celles des courtisans, et, respectant la lettre de l'étiquette orientale, nous en violâmes l'esprit en marchant sur le tapis impérial avec nos souliers européens recouverts de pantouffles indiennes. La foule des natifs y marchait pieds nus et en bas de soie : les Orientaux couchant sur leurs tapis, l'usage de laisser ses souliers à la porte paraît fondé.

Toujours sur les pas du *résident*, je m'approchai d'une estrade de marbre, surmontée d'un dais de même matière, où, sur une pile de coussins siégeait une vieille, noire et lamentable figure, ravagée par les ans et l'opium, et qui ne peut supporter une cérémonie qu'à force d'opium. — Voilà le descendant de Timour, de Babeur et d'Akbar !

Pendant qu'on lui criait mon nom, je m'inclinai encore trois fois, et, conformément à mes instructions, présentai à Sa Majesté, sur un mouchoir de batiste, un nuzzer de trois roupies d'or qu'elle prit et posa près d'elle, en m'adressant d'une voix grêle et cassée, quelques mots sur ma santé, sur la France, sur son gouvernement, et enfin sur la distance qui sépare ce pays de l'Angleterre.

Pendant que je répondais de mon mieux, et en accomplissant force salâms, à ces graves questions, le premier ministre, ayant fait semblant de prendre les ordres de son souverain, s'approcha de moi et m'informa que l'empereur m'accordait un *khelat* ou vêtement d'honneur. J'ai su depuis que c'était chose convenue d'avance et

stipulée par le *résident*. Le ministre m'emmena donc
en cérémonie dans une sorte de garde-robe voisine de la
salle d'audience, et là, je fus, comme M. Jourdain, revêtu d'un costume grotesque par les gens de l'empereur ;
il ne manquait au cérémonial que de la musique pour
rendre la ressemblance complète. Le *résident*, d'un air
grave, comptait les pièces de mon habillement, dont le
nombre mesure la faveur impériale. C'était d'abord une
grande robe de chambre, de cette espèce de drap d'or et
d'argent dont on confectionne chez nous les ornements
ecclésiastiques, et, par dessus ce vêtement long et traînant, on me passa avec beaucoup de peine une veste
étroite en drap d'argent. Puis le ministre, de sa propre
main, déguisa mon chapeau, un chapeau gibus ! en turban, en entortillant tout autour une interminable bande
de mousseline brodée d'argent ; enfin une espèce d'étole
ou d'écharpe, de la même étoffe que la robe, me fut jetée
sur les épaules.

Dans ce burlesque accoutrement, je revins processionnellement devant l'empereur, marchant entre le *résident* et le premier ministre. Les hérauts annoncèrent
mon entrée de manière à m'étourdir, politesse à laquelle
je dus répondre par des salams réitérés. Toujours saluant, je fus ramené aux pieds du trône et j'exprimai ma
reconnaissance de tant d'honneur en remettant trois autres pièces d'or à l'empereur, qui les prit comme devant ;
sur quoi, un diadême brillant de pierreries lui fut ap-
porté ; il l'attacha lui-même à mon turban improvisé,
tandis que je me tenais incliné devant lui ; enfin il me
passa au cou un collier de perles et me ceignit du sabre
d'honneur. Après chacun de ses dons, je glissais cour-
toisement une pièce d'or dans la main impériale, comme
on fait à un médecin après une consultation ; et le pauvre

homme paraissait tout satisfait, et de cette farce de théâtre et du rôle d'automate qu'il y remplissait.

Au sortir de cette scène, dont la grotesque et misérable vanité commençait à me lasser, on m'arrêta pour me dire que l'héritier du trône n'ayant pu, par suite d'une indisposition, venir à ma présentation, il serait courtois de lui envoyer une pièce d'or ou deux et qu'on s'y attendait. Je m'exécutai de bonne grâce, et un moment après, il me fallut encore sacrifier quelques roupies pour satisfaire une bande d'avides et pauvres valets qui m'attendaient à la porte.

Je ne pensais pas trouver une grande valeur aux cadeaux du Mogol déchu ; si bas que je les estimasse, je fus encore déçu dans mon attente. En me débarrassant de mon déguisement, qui ressemblait à celui d'un acrobate, je trouvai que la matière de mon diadême royal n'était qu'une sorte de pâte ; les diamants et les perles étaient de verre aussi mal coloré qu'ajusté, et de tout le costume il n'y avait de vrai que le fil d'argent des étoffes, par la raison qu'on n'est pas encore parvenu à en fabriquer de faux à Delhi. Si minime que fût la valeur de ces dons, tout Anglais aurait néanmoins été tenu de les livrer au trésor de la Compagnie ; mais comme étranger, je fus autorisé à les garder, et l'on m'offrit même, en cas que je voulusse les céder, de m'en payer le prix. C'était pour les faire servir dans une autre occasion du même genre. »

Parmi les choses curieuses de Delhi, je ne dois pas omettre de citer le petit temple de Poross-Doss. Comme il appartient à un particulier, peu de personnes le connaissent, mais je conseille fort aux voyageurs qui passeront dans ces parages de tâcher de le visiter ; il est remarquable par la profusion des dorures, la richesse des idoles et les mosaïques en or, argent et pierres fines qui décorent ses murs en représentant différents sujets de la mythologie indoue.

Les Anglais ont fondé aux environs de la ville un musée qui renferme bon nombre de curiosités. On y voit des objets en bois sculptés, chefs-d'œuvre de patience des indigènes, et des oiseaux de toutes sortes ; mais on distingue spécialement, parmi les plus beaux produits des pays, une collection de serpents, aussi complète qu'on peut honnêtement le désirer, chacun d'eux se gaudissant dans une cage de verre spéciale. Or, il paraît qu'un jour, un scélérat de cobra, jouissant déjà d'une détestable réputation à cause de ses nombreux méfaits, parvint à s'échapper et se cacha pendant un mois dans je ne sais quel coin du musée sans qu'il fut possible de le retrouver. Il s'agissait de le prendre et cependant il fallait éviter de mettre la main dessus ! Or, ce que l'on craignait arriva ; il mordit son geôlier, et cet accident seul le fit découvrir. Ce monstre a été réintégré dans son domicile où, malgré l'étendue de ses crimes, il m'a paru relativement mieux nourri et logé que les collégiens français.

On nous a fait voir aussi une pierre fort curieuse, provenant d'une carrière des environs : c'est un grès presque aussi flexible que du caoutchouc. J'en ai rapporté un long morceau qui se plie comme un jonc, mais je ne conseillerai à personne de s'en servir pour construire sa maison, de crainte que les jours de vent, elle ne se balance d'une façon un peu trop fantaisiste.

Cependant, le temps avançait et il fallut fixer notre départ au 10 janvier.

Justement ce jour-là, un certain Persan, nommé *Rumma Mills*, nous invita pour le soir même à une natch et à un grand festin qu'il donnait en l'honneur du mariage de son fils. Afin que personne ne s'égarât, il avait fait placer dans toutes les parties de la ville, d'immenses écriteaux, avec son nom écrit en caractères anglais et indostanis, et une main indiquant la direction qu'il fallait suivre.

Malheureusement nous ne pûmes suivre ce chemin et le *great rail road* nous conduisit en une nuit à Umballah, situé à une soixantaine de lieues au nord-ouest de Delhi.

CHAPITRE XV

La petite ville d'Umballah appartenait autrefois au
royaume de Lahore et constitue aujourd'hui un des centres militaires des Anglais dans l'Inde septentrionale.
C'est donc là qu'il faut établir son quartier-général
lorsqu'on veut rayonner dans les curieuses localités environnantes.

Suivant l'éternel système dont j'ai déjà si souvent parlé,
la station d'Umballah est à une lieue du camp anglais, et
celui-ci est lui-même à deux lieues de la ville. Aussi
étant débarqués à cinq heures du matin, au milieu d'un
vrai désert, ne trouvant ni maisons, ni voitures, ni chevaux, nous ne fûmes pas médiocrement embarrassés,
pour nous tirer d'affaire.

Cependant, croyant que le bungalow était à une petite distance, nous prîmes nous-mêmes nos valises; un nègre borgne qui se trouvait là, emporta sur ses épaules une partie de nos colis, le vertueux Georges prit le reste et voulant faire du zèle, partit en avant. Bientôt le borgne voulut le rejoindre, chacun s'en alla à l'aventure et le chemin s'allongeant toujours, nous finîmes par nous perdre complètement, et de la manière la plus sotte du monde. Enfin, après une heure d'anxiété, Georges revint tout essoufflé, ruisselant de sueur et le casque plus enfoncé que jamais. Il nous dit qu'il avait retrouvé le nègre et nos effets, l'un portant l'autre, et que le tout reposait dans un bungalow que nous avons depuis surnommé l'*Emmanuel*.

Nous aurions pu nous épargner tous ces ennuis en écrivant un mot au *collector*, pour lequel le vice-roi nous avait donné des lettres d'introduction; mais, bien que cela se fît journellement dans l'Inde, nous ne voulions pas le mettre ainsi à réquisition avant même de le connaître. Toutefois, notre premier soin fut d'aller lui rendre visite. Celui-ci, avec cette obligeance à laquelle on nous avait déjà habitués, insista vivement pour nous installer chez lui, nous offrit un excellent *tiffin* et nous proposa de faire une promenade dans le camp anglais. Bien qu'il parût fort intelligent, nous eûmes comme toujours une peine infinie à lui faire comprendre que nous désirions visiter la ville d'Umballah.

— Quelle ville? répondait-il, le camp?...

— Non, la ville indoue!

— Oh! c'est inutile, il n'y a rien à voir.

— N'importe! nous désirons voir par nous-mêmes ce qu'est ou n'est pas Umballah.

— Messieurs, vous en ferez ce que vous voudrez,

mais, si vous m'en croyez, vous resterez tranquillement ici à causer avec nous de Paris et de nos amis communs.

— Monsieur, répliquai-je, nous aurons un vif plaisir à nous entretenir avec vous et profiterons dès ce soir de votre aimable invitation ; seulement je vous ferai observer que nous sommes venus de Delhi pour voir Umballah.

— Quoi, la saleté native !!!

— C'est, en effet, le plus brûlant désir de notre âme.

Ah ! eh bien, qu'à cela ne tienne., — et il fit aussitôt atteler une superbe calèche qu'il mit à notre disposition, en nous priant de l'excuser s'il ne nous accompagnait pas dans cette excursion.

Il ne nous fallut pas moins d'une heure et demie pour arriver à la ville indoue qui, je le conçois, n'offre pas un grand attrait à l'homme obligé d'y passer sa vie ; mais pour un voyageur, le désert lui-même est intéressant.

A peine arrivés, nous consignâmes notre équipage dans un carrefour et partîmes à pied, laissant notre escorte dans la stupéfaction. Avec quel plaisir nous nous perdions librement à travers ce dédale de ruelles étroites et bizarres qui se tortillaient devant nous. Nous en avions visité assurément de beaucoup plus curieuses, mais, je le répète, aux Indes, chaque ville possède un cachet tout à fait particulier.

Après quoi, nous revînmes chez le *collector*, qui nous plaisanta sur notre course et nous engagea vivement à visiter Pattialah, ville remarquable du Penjab, dont il connaissait intimement le Maha-Radja, roi indépendant et puissamment riche. Comme il s'aperçut que cette proposition nous souriait fort, il lui expédia, séance tenante un courrier pour le prévenir de notre arrivée, et, dès le lendemain, il fit de nouveau atteler à notre intention sa fameuse calèche.

Cette voiture, transportée de Londres, est payée et entretenue par le Maha-Radja, qui la laisse à la disposition du *collector* et des hôtes qui veulent aller lui rendre visite à Pattialah.

Franchement, cet usage, que j'ai retrouvé dans toutes les parties de l'Inde, m'a toujours paru très-singulier, quoique j'en aie partout profité largement.

Le voyage de Pattialah demande cinq à six heures de marche à travers champs, ou plutôt à travers des déserts, car il n'y a de ce côté ni habitations, ni culture, et, par suite, aucune route. Nous voilà donc dans ce fameux carrosse, digne d'*Hyde-Parc*, escaladant des talus, dégringolant des fossés, et à chaque instant sur le point de verser. Nous marchons ainsi, tant bien que mal, pendant les deux tiers du trajet, mais alors, une des roues s'étant enfoncée jusqu'au moyeu dans un énorme trou, les chevaux en profitèrent pour se coucher et refusèrent tout service. Les dix ou douze Indous, en guenilles brodées d'or, qui nous escortaient dans cette périlleuse navigation allaient et venaient sans rien faire. Il fallut, comme à Nagpour, descendre, taper, piquer, hurler et pousser à la roue nous-mêmes pour démarrer. Tout cela dura fort longtemps, et nous n'arrivâmes à Pattialah qu'à une heure assez avancée dans la journée.

On nous conduisit immédiatement dans un magnifique palais que le roi mettait à notre entière disposition, ainsi qu'un nombreux personnel. — Nulle part dans l'Inde nous n'avons reçu une aussi splendide hospitalité.

Le palais que nous occupions, situé à l'un des faubourgs de la ville, est entouré d'un vaste parc dans

LA JUMNA-MOSJID, A DELHI

lequel rayonnent des avenues de palmiers, d'orangers,
de roses et de jacinthes dont les fleurs embaument tout
l'atmosphère. Au milieu des allées se trouvent des canaux de marbre garnis de jets d'eau, qui forment les
dessins les plus gracieux et rafraîchissent l'air, grâce à
la rosée qu'ils répandent autour d'eux. Puis ce sont des
cascades artificielles, étincelantes au soleil, et des bassins
où nagent des cygnes, rivalisant de blancheur avec les
nénuphars qu'ils caressent de leurs ailes. Plus loin s'é-
tend une belle terrasse dont les murs et les tours se
baignent dans le Toghour, et d'où l'on domine la plaine
voisine.

De là, le palais offre l'aspect le plus oriental que l'on
puisse rêver, grâce à ses moucharabis et surtout aux
ornements bizarres qui en recouvrent le toit : ce sont de
légères coupoles, des galeries, des dômes de toutes
formes et des arcades qui ressemblent à des bateaux
renversés, soutenues par des colonnettes et hérissées de
mille petites aiguilles verticales.

Au dedans, les chambres donnent sur de beaux salons
décorés dans le style de l'Alhambra, avec portes cintrées
en fer à cheval, arabesques, peintures, incrustations et
sculptures. Les fenêtres sont ornées de doubles vitraux
de couleur qui ne laissent passer qu'une douce lumière
et de riches candélabres de cristal sont répandus en grand
nombre dans tous les appartements.

Parmi les édifices que comprend cette royale habitation, se trouve un kiosque appelé *Schish mohoul*, c'est-
à-dire *pavillon de glaces*. Ses décorations intérieures,
quoique d'une valeur inférieure à celles dont j'ai déjà eu
l'occasion de parler, sont néanmoins d'un effet éblouissant.

Le plafond et les murs sont entièrement tapissés d'une

13

sorte de mosaïque dont chaque pièce, au lieu d'être un simple fragment de pierre, se compose d'un petit miroir convexe placé au fond d'une cavité recouverte d'un morceau de verre de couleur, enchâssé dans un filet d'or. Toutes ces pièces, artistement rapportées, forment des dessins ravissants, et les jeux de lumière qui résultent de ces combinaisons, sont tellement merveilleux, que l'on croit être dans un palais de diamants, de rubis et d'émeraudes !

Mais un spectacle mille fois plus féérique nous était encore réservé.

Dans une autre partie du parc, parmi de verts bosquets de bambous et de cocotiers, s'étend un immense bassin bordé de larges assises, et au centre s'élève un délicieux portique en marbre blanc, transparent comme l'albâtre et sculpté avec un goût parfait. Une double rangée de colonnes cannelées et renflées à la base dans le style indo-musulman, soutiennent le faîte au-dessus duquel on a placé un réservoir plein d'eau, habilement dissimulé par une balustrade taillée à jour comme une dentelle.

Mais c'est ici que nous sommes dans le domaine du merveilleux. Le toit s'allongeant au-dessous de cette gracieuse balustrade, forme de larges auvents où coulent à volonté de belles et luisantes nappes d'eau qui répandent la fraîcheur et, tamisant les rayons du soleil, leur donnent toutes les couleurs de l'arc-en-ciel. Huit ou dix personnes tiennent aisément dans ce pavillon sans se mouiller, bien qu'elles y soient comme enveloppées d'un manteau de cristal liquide, ce qui rend ce petit paradis terrestre inappréciable pendant les chaleurs de l'été.

Nous passâmes ainsi notre journée à visiter toutes ces magnificences, sans pouvoir nous décider à sortir, quoique plusieurs éléphants, harnachés d'argent et revêtus de housses superbes, nous tendissent leurs trompes depuis le matin.

Enfin, à la tombée de la nuit, nous trouvâmes un excellent dîner, préparé à la manière européenne, par un cuisinier anglais que le roi entretient exprès pour les occasions où il reçoit des infidèles. Il y avait force vins de France et d'Espagne, et notamment un peloton de bouteilles de champagne! Peut-être les Indous se figurent-ils qu'ayant le droit d'en boire, nous le prenons à la pinte; mais je crois plutôt que des serviteurs zélés tenaient à ce qu'il en..... *restât* pour tout le monde.

Il est vrai que le roi de Pattialah, ayant, à ce que l'on dit, un million de livres sterling de revenu, peut se livrer librement à toutes ces prodigalités.

Quoiqu'il en soit, la vue de ce repas était réjouissante, et nous nous livrâmes avec activité aux devoirs de la situation.

Cependant des musiciens, assis sur des nattes autour de notre table, jouaient du saranqui, et d'une sorte de viole d'amour dont ils tiraient des sons d'une exquise douceur.

Puis, dans le courant de la soirée, trois ravissantes bayadères nous furent envoyées par ordre du Maha-Radja, et commencèrent bientôt leurs danses moelleuses et lascives.

Ces admirables corps, ces statues vivantes piétinaient sur place, se traînaient et se tordaient en chantant langoureusement le *taza-ba, taza-no-ba-no* de Lalla-Rouka.

Leurs yeux se mouraient voluptueusement et, suivant l'expression persane, *l'air se parfumait en passant sur elles*.

L'une de ces jolies perles de l'Orient m'ayant particulièrement frappé par sa rare beauté, j'en fis compliment à l'un des musiciens qui l'avaient accompagnée ; puis j'ajoutai, en plaisantant, que je ne la supposais pas d'humeur trop farouche : « Qu'en pensez-vous lui dis-je, » simple curiosité.

— Elle !!! répondit-il, d'un air furieux, jamais de la vie, c'est ma femme !

— Ah ! répliquai-je, alors c'est différent. — Le lendemain, nous nous proposions d'aller dès le matin rendre visite au roi, pour le remercier de toutes ses munificences ; mais on nous en dissuada ; c'était, paraît-il, tout-à-fait contre les usages, et il devait venir le premier chez nous.

Les Anglais ont, en effet, mis les plus puissants princes indous sur un pied tel de vassalité vis-à-vis d'eux, qu'aujourd'hui, le plus petit sous-lieutenant de l'armée des Indes ne daignerait jamais faire la moindre avance au plus grand seigneur du pays, avant que celui-ci soit venu lui rendre hommage.

Vers dix heures, on nous annonça l'arrivée de Sa Majesté et de sa cour. Aussitôt, en dépit de toute étiquette, nous allâmes au devant d'eux en parcourant rapidement l'avenue par laquelle ils débouchaient. Apercevant alors une douzaine de personnes dont les costumes de soie et d'or étaient également riches, je fus extrêmement embarrassé pour distinguer le roi et savoir celui que je devais saluer.

Par bonheur, en ce moment, un serviteur placé au second rang et armé d'une longue queue de cheval, emmanchée au bout d'une trique, en administra un léger coup sur la tête de celui qui était devant lui, sans doute pour chasser les moustiques de son auguste tête ; j'en conclus que ce devait être le roi, et je lui fis un profond *salamalech*.

Sa Majesté vint se placer au centre de notre grand salon, et ses vizirs en ligne de chaque côté. Je m'empressai de lui faire comprendre combien je lui étais reconnaissant de sa splendide hospitalité; puis, sentant qu'il fallait la reconnaître par quelque don digne d'un Radja de son importance, je lui offris un serpent en caoutchouc que j'avais acheté trois francs cinquante à la foire de Bade l'année précédente.

Je le mis d'abord par terre, et, bien que ses mouvements lui fissent croire qu'il était vivant, il ne se départit pas un instant de son immobilité orientale, mais bientôt il comprit ce que c'était, et ce joujou parut l'amuser beaucoup. Il figure aujourd'hui dans le grand musée de Pattialah.

Avant de se retirer, le Maha-Radja nous invita à venir passer la soirée dans son palais, afin d'assister au *durbar* qu'il organisait en notre honneur.

A l'heure indiquée, nous partîmes processionnellement sur le dos de nos éléphants, et faisions une entrée pompeuse dans la grande cour de la résidence royale.

Le grand-vizir vint nous recevoir au bas de nos échelles et nous conduisit dans une immense galerie éclairée par une telle profusion de lustres, qu'il eût été impossible d'en intercaler un nouveau sans en déranger d'autres.

Le roi s'inclina, se cacha la figure avec ses mains et s'assit dans un grand fauteuil en nous plaçant à ses côtés; puis, les vizirs et les courtisans s'échelonnèrent sur la même ligne dans toute la longueur de la galerie. Ils étaient revêtus de costumes de soie aux couleurs les plus éclatantes, avec des turbans de mousseline de Bénarès et des armes ornées de bijoux resplendissants.

Nos habits grotesques et surtout nos pantalons collants paraissaient bien étranges au sein de cette cour somptueuse, et j'avoue que jamais je n'en ai senti plus vivement le ridicule et l'absurdité.

Mais ce qui révolte le plus les Indiens, c'est de voir les Européens se servir de gants de peau, qu'ils considèrent comme d'ignobles dépouilles cadavériques, et dont le seul attouchement les obligerait à d'interminables ablutions et purifications morales. Le *pantcha gavia* serait alors indispensable pour les remettre en état de grâce.

Suivant l'usage du pays, aucune femme n'assistait à la fête, mais je m'attendais à voir arriver des bayadères ; il n'en fut rien. Le roi, trouvant ce divertissement trop commun, avait voulu innover, et nous ménageait une surprise.

En attendant, voulant causer un peu avec Sa Majesté et ayant bientôt épuisé mes provisions d'indoustani, je fis venir Georges pour servir d'interprète, et il se plaça debout derrière nos fauteuils. Mais à l'aspect hétéroclite de ce vertueux serviteur, le roi et toute sa cour ne purent tenir leur sérieux habituel et rirent assez franchement. Je crois que c'était la première fois que je voyais rire un Indou, et j'en fus un peu mortifié.

Toutefois le Maha-Radja parut très heureux d'avoir un homme au moyen duquel il lui serait possible de nous parler et commença de suite la conversation. Mais Georges ne comprit pas ce qu'il disait.

Le Radja reprit sur un ton plus élevé ; même embarras : notre pauvre diable était dans un de ses jours de surdité complète. A la fin le roi impatienté cria de toutes ses forces. Notre malheureux interprète fut alors tellement ahuri qu'il en laissa tomber son casque de carton

et tous les vizirs croyant que nous assassinions leur maître, se levèrent épouvantés.

Il fallut cesser l'entretien et nous contenter de montrer les différentes choses qui nous frappaient en répétant
« *atchâ ! bautachâ !* » ce qui signifie « c'est charmant,
c'est superbe, » mots qui sont toujours d'un bon effet.

Heureusement la diversion ne se fit pas attendre; on
ouvrit tout-à-coup les portes à deux battants, et nous vîmes entrer un petit homme gros, joufflu et rougeaud, en
costume écossais tenant une énorme cornemuse sous
le bras.

Cet artiste se promena de long en large dans toute la
longueur de la galerie, pendant une demi-heure de suite
en jouant sans cesse le même air avec la gravité d'un
croque-mort. On avait sans doute assuré au Maha-Radja
qu'il n'y avait pas de bonne fête en Angleterre sans cornemuse et il entretenait cet Écossais pour les réceptions
de gala.

Après une suffisante consommation d'*atchas*, de musique et de *salamalechs*, le *durbar* fut levé et nous nous
retirâmes dans notre somptueux palais.

Peu d'instants après, un officier vint de la part du roi
nous offrir, sous forme de *doli*, des armes et plusieurs objets que nous avions admirés devant lui. Je crois, en vérité, que s'il nous eût été possible d'emporter le *Schish
mohoul*, il nous l'aurait donné.

Le jour suivant, nous allâmes nous promener en voiture dans la ville et faire quelques acquisitions au bazar.
J'en ai rapporté, entre autres choses curieuses, des instruments de musique, des lances d'une forme assez bizarre et une poudre d'antimoine qui donne aux yeux
un éclat extraordinaire. Je la garde précieusement pour
la mettre à la disposition des dames qui seraient curieu-

ses de l'essayer, surtout si elles veulent le faire devant moi.

La ville est petite, mais blanche, gentille et proprette. Elle renferme plusieurs palais magnifiques et un jardin zoologique des plus riches où se trouve, fièrement mélancolique, un lion noir admirablement beau et dont je crois l'espèce fort rare.

Dans les rues, circulent une quantité inouïe d'éléphants, — autant que de chevaux à Paris. On les voit se promener de tous côtés avec la majesté qui les caractérise, portant ou traînant les plus minces fardeaux. D'ailleurs ils paraissent très doux et ne font jamais de mal à personne.

Mais ce qui nous a le plus frappé, c'est l'extrême politesse des habitants de Pattialah.

Tous se prosternaient sur notre passage en joignant les mains et en se touchant le front en signe de respect. Il est vrai que nous étions majestueusement installés dans le fond d'une voiture de gala et entourés d'une foule de domestiques revêtus de livrées rouges et de turbans brochés d'or. Des mannequins mis à notre place eussent été certainement salués de la même façon; et pour peu qu'on les eût affublés d'habits brodés, la population se fût mise à genoux. — Combien y a-t-il de gens, en ce monde, qui ne se doutent pas que l'on salue tout en eux, excepté eux !

Les habitants de Pattialah sont généralement costumés de la manière la plus élégante. Ils portent des robes, des ceintures et des turbans aux nuances les plus vives et les plus fraîches, — bleu, vert, orange, cerise, rose ou lilas, le tout assorti harmonieusement et relevé par une légère écharpe rejetée avec grâce sur l'épaule.

Nous n'avions plus cependant que peu de temps à

passer dans l'Inde, et nous tenions à en profiter pour faire une petite excursion dans l'Himalaya. Nous retournâmes donc à Umballah.

Chemin faisant, nous causâmes avec un officier auquel le Maha-Radja avait donné l'ordre de nous accompagner, espérant ainsi nous renseigner sur les usages du pays.

Ce digne Indou nous demanda d'abord des nouvelles de nos harems, et voici l'entretien qui s'établit à ce sujet :

— Combien as-tu de femmes ? me dit l'officier.

— Une seule.

— As-tu des enfants ?

— Oui, j'ai une fille.

— Ah !... et elle, combien a-t-elle d'enfants ?

— Miséricorde ! aucun, elle n'a que cinq ans.

— Tu t'es donc marié bien tard ?

— Mais non, à vingt-et-un ans.

— Que Vischnou te le pardonne ! — Et comment se fait-il que tu ne te sois pas marié à dix ans ?

Pendant que je cherchais une réponse satisfaisante à cette question inattendue, déjà mon interlocuteur s'adressait à Georges, et lui demandait également s'il était marié.

— Moi ! oh non Saheb ! je suis trop pauvre, répondit-il.

— Trop pauvre ! Qu'est-ce que tu gagnes ?

— Une cinquantaine de roupies par mois.

— Hé bien ! mon palefrenier n'en gagne que trois (7 fr. 50 c.), et il trouve le moyen de se nourrir, lui, sa femme et ses deux enfants !

— Et les gens riches, lui demandai-je à mon tour, combien ont-ils de femmes, chez vous ?

— Vingt — cinquante — cent et jusqu'à cinq cents.

— Comment passent-elles leur temps dans le harem ?

— Elles s'amusent avec leurs bijoux, les retirent de

leurs coffrets un à un, les y remettent, puis elles s'habillent, se regardent dans un miroir, dorment, fument et jouent de la guitare.

Arrivés à Umballah nous perdîmes notre pantoufle de Cendrillon, et un modeste *dôk-gari* nous transporta en une nuit à Kalcas, petit village situé au pied de l'Himalaya. A partir de là, on ne voyage plus qu'à cheval, car les chemins deviennent de plus en plus étroits et escarpés.

Pendant la première journée nous avons encore trouvé des champs cultivés, mais bientôt ceux-ci ont fait place à des djungles assez bien fournis, quoique très inférieurs aux magnifiques forêts qui tapissent tout le revers oriental des cordillères des Andes.

Ce sont des bosquets de bambous, des arêquiers, des cactus, des dracœnas, des aloës gigantesques et des pandanus de loin en loin.

Il paraît que dans quelque partie de l'Hymalaya où l'on voyage, on ne jouit jamais d'un coup d'œil bien grandiose, parce qu'en raison même de l'immensité de cette chaîne colossale, on n'arrive que progressivement aux points assez élevés pour découvrir les suivants; on ne peut apercevoir ainsi les montagnes centrales que lorsque l'on est déjà parvenu à une hauteur énorme.

Chemin faisant, nous vîmes sur la route un fakir, solide gaillard de vingt-cinq à trente ans, qui vint faire devant nous des contorsions ridicules pour exciter notre pitié et obtenir quelque aumône. Je lui demandai pourquoi il ne travaillait pas; il me répondit que sa caste ne le lui permettait pas, ayant l'honneur d'appartenir à l'ordre des brahmines. Je lui en fis de respectueux compliments et passai outre, ne voulant pas encourager d'aussi sots préjugés.

Plus loin, nous fîmes une rencontre plus intéressante :
A un détour de la route, j'aperçus tout-à-coup un jeune
homme monté sur un superbe cheval noir qui se cabrait
à la cime d'un rocher au bord même d'un précipice.
Une espèce de burnous lui donnait l'apparence d'un
Arabe et un *kéfiéh* de mousseline attaché sur sa tête
voltigeait au gré du vent comme un étendard.

Aussitôt que je l'eus rejoint, je fus saisis d'admiration
à la vue de sa merveilleuse beauté. Il avait le teint blanc
mat et les grands yeux veloutés de nos plus langoureu-
ses créoles. Cependant je m'expliquai d'autant moins
la fascination que produisait sur moi cet adolescent, qu'à
mon avis, rien n'est laid comme un joli garçon. Je le
regardais avec plus d'attention, et bien qu'il fût militai-
rement campé à califourchon sur son cheval, malgré
son poignard et ses pistolets, je reconnus — que ce jeune
homme était une femme. J'exhumai aussitôt les quelques mots d'indostani dont j'avais fait collection pour les
grandes circonstances, et je fis en sa compagnie le chemin qui nous séparait encore de Kussolie.

Ce village, situé à quelques milles de Simla, est campé
à une grande hauteur, et comme il y fait très frais, les
Européens riches viennent y passer la saison des
chaleurs.

Là, une foule de petits *cottages*, sont dispersés au
milieu d'un bois de sapin rappelant les Alpes, — ce qui
surprend d'autant plus que l'on vient à peine de quitter
les plaines brûlantes de l'Inde.

On jouit à Kussolie d'un superbe panorama, et on aperçoit les chaînes neigeuses de l'Himalaya se dérouler tout
autour de soi.

C'est là qu'il me fallut, à mon très-grand regret, quitter mon excellent compagnon de voyage, Longfellow,

car il allait parcourir le Cachemire et le petit Thibet, tandis que je devais retourner directement à Calcutta, où chauffait déjà le bateau qui allait m'emmener en Chine.

À mon retour à Kalcas, je fus agréablement surpris par une vingtaine de femmes, qui vinrent me donner une sérénade dans le jardin de ma cabane. Ces musiciennes appartenaient à une sorte de tribu de bohémiennes, toujours errantes à travers les montagnes de l'Himalaya. Elles avaient un costume bizarre, rappelant un peu celui des moresques d'Alger, fait avec des étoffes de soie verte, rouge et jaune, comme le plumage des perroquets; elles chantaient sur un ton plaintif, mais d'une voix fraîche, des airs semblables au ranz des vaches, avec échos, sur des notes filées et prolongées à l'infini. Cette petite fête me parut très-caractéristique; aussi, plein de générosité, je leur donnai une *roupie* qu'elles se partagèrent avec une vraie satisfaction.

Enfin, je repris le chemin de fer à Umballah et, en trois jours, je fus de retour à Calcutta.

Je me proposais d'aller remercier sir John Lawrence des lettres de recommandation qu'il m'avait données et qui m'avaient été si utiles, mais il avait déjà été remplacé par Lord Mayo, qui remplissait, depuis le premier janvier, les fonctions de vice-roi. Étant à la veille de mon départ, je ne fis que l'entrevoir, cependant cela suffit pour augmenter le regret que j'éprouvais de ne pouvoir séjourner plus lontemps aux Indes.

CHAPITRE XVI

Je retrouvai au *great eastern hôtel*, mon beau-frère et
nous nous décidâmes à revenir en Europe par la Chine,
le Japon, la Californie et les États-Unis.

Les paquebots des messageries impériales et ceux de
la *royal mail company* ne vont pas directement de Calcutta en Chine. Il faut se rendre d'abord à Ceylan et y
attendre le passage des bateaux qui font le service men-
suel entre Suez, Aden, Pointe-de-Galles, Singapour et
Hong-Kong, ce qui est très long et très coûteux. Mais la
maison Jardine, dont le commerce de l'opium entre
l'Inde et la Chine est des plus considérables, étant obligée
de transporter cette denrée très-rapidement sous peine

de la voir se détériorer, a établi de petits bateaux à vapeur qui vont de Calcutta à Hong-Kong, en quinze jours
et qui prennent quelques passagers à bord.

Le *Glen-Gyle*, l'un de ces bâtiments, devant partir le
lendemain 21 janvier, de bon matin, nous fîmes chercher vers minuit un dôk gari afin d'aller au quai d'em-
barquement situé, nous disait-on, tout près de là. Nous
espérions ainsi passer une paisible nuit dans nos cabines
et nous réveiller au milieu du golfe de Bengale.

Nous entassâmes dans cette chétive cariole, nos malles
et nos nombreux colis accrus de toutes les acquisitions
que nous avions faites dans le pays, et dont les formes
insensées n'avaient pu prendre place dans aucune caisse.
C'était un monceau de bagages de toutes formes, de provisions de voyage, de fusils, de carabines plus ou moins
Remington, de flèches sortant par les portières, de
longues guitares et de toutes sortes d'instruments de
musique, le tout surmonté du vertueux Georges et d'un
singe grimpé sur le haut de son fameux casque de carton.

Nous constations, non sans inquiétude, que les ressorts
de la voiture s'étaient sensiblement aplatis; néanmoins
nous nous glissâmes péniblement à travers tous ces bibelots, prenant notre parti des postures anti-académi-
ques qu'ils nous imposaient en songeant qu'elles seraient
de peu de durée.

Notre gari traversa d'abord un square immense, puis
déboucha sur le quai, longea une file interminable de
vaisseaux, traversa un pont, enfila une suite de jardins,
de champs, de terrains incultes, et arriva dans un village
des environs. Comme nous avions les jambes à la hauteur du menton, nos crampes devenaient intolérables,
mais le gari allait, allait toujours.

Après deux heures de cette marche titubante, étonnés

de voir que, loin d'approcher d'un port, les mâts des
navires semblaient disparaître dans le lointain comme
dans un rêve, nous commençâmes à craindre que notre
gari walla ne se fût égaré. Nous étions en effet en
pleine campagne, et il ne paraissait pas probable, même
aux Indes, qu'un steamer fût allé se promener à pareille
heure au milieu des champs d'indigo que nous traversions. Or, voici ce qui était arrivé : tandis que nous nous
reposions pleinement sur notre cocher indigène, qui pré-
tendait connaître très-bien l'endroit où nous allions,
celui-ci s'était endormi sur son siége, et son cheval,
maître de choisir la route, avait pris celle d'un village
dont il avait, paraît-il, gardé le meilleur souvenir.

Bientôt le petit jour s'annonça à l'horizon par une légère teinte rosée, sur laquelle se détachaient en noir les
palmiers de la forêt voisine. Cette perspective était pour
nous aussi fâcheuse que poétique, car ce voyage au Bengale menaçait de nous faire manquer le départ du *Glen-
Gyle*.

Cependant notre *gari walla* s'étant orienté, changea de direction, et après une nouvelle promenade, s'arrêta triomphalement devant un bateau immobile et silencieux : c'était le *Labourdonnais*, navire français, qui,
ne devant partir que le mois suivant, s'était embossé dans
le haut Hougly! Notre intelligent cocher, voyant qu'il
avait affaire à des Français s'était persuadé qu'ils ne pouvaient aller qu'au *Labourdonnais!*

La situation devenait navrante, et les ressorts du gari,
baissant de plus en plus, nous faisaient craindre un
accident qui nous plantait du coup en rase campagne.

Que faire? battre le *gari walla*, c'était le rejeter dans
sa fatale impassibilité orientale. Nous préférâmes l'encourager et lui promettre un bakschich fantastique s'il

activait un peu son allure et nous menait à bon port. Nous voilà donc de nouveau en route plus courbaturés que jamais, et à cinq heures du matin nous étions enfin de retour à Calcutta où nous trouvions le *Glen-Gyle* à quelques pas de notre hôtel. C'est ainsi qu'en ce monde, après s'être donné beaucoup de mal pour atteindre un but, on se retrouve souvent au même point qu'auparavant.

Il était temps d'arriver, car un instant après on leva l'ancre et le signal du départ se fit entendre. Nous suivions encore des yeux cette multitude bigarrée qui anime les quais de Calcutta, mais bientôt les porteurs indous se confondirent avec les coolis chinois, les nègres et les Européens, puis les dômes élevés de la ville disparurent à leur tour, et enfin Calcutta ne fut plus pour nous qu'en souvenir.

Toutefois, nous étions encore fort éloignés de la mer. Il nous fallut pendant plusieurs heures marcher doucement en descendant le dangereux Hougly. Rien de gracieux comme les bords de ce fleuve. Partout nous côtoyions de jolis jardins, d'épaisses forêts ou de pittoresques villages enchâssés dans des bosquets de bananiers. Tout cela nous apparaissait comme des tableaux de fantasmagories et s'effaçait rapidement.

O merveilleux pays de l'Inde, que je te voyais t'éloigner avec regret ! Certes, je me propose de te revoir un jour, mais qui sait ce que nous réserve l'avenir ! qui peut faire renaître le passé ! Ces palmiers penchés sur la rive, ces coteaux couverts de fleurs qui fuient devant moi, ne ressemblent-ils pas aux jours de la jeunesse qui brillent un instant, s'écoulent et disparaissent ; ceux-là ne reviendront plus !

Lorsque la nuit arriva, nous avions complètement perdu de vue les côtes et naviguions en plein golfe du

Bengale. Le beau temps qui nous favorisait, faisait espérer que l'on atteindrait Pénang en cinq jours ; toutefois, cette traversée ne fut pas très-heureuse. L'exi-
guité du bateau ne nous avait pas permis de prendre
de cabines séparées, de sorte que nous occupions une
chambre à trois lits. Par malheur, le compagnon qu'on
nous avait donné ne tarda pas à tomber malade, des
rougeurs se montrèrent sur son visage et il me sembla
qu'il était atteint de la petite-vérole. A défaut de docteurs,
les doctes du bord décidèrent qu'il n'avait qu'une simple rougeole, et l'on ne jugea pas nécessaire de le
faire changer de cabine. Or, ce que l'on devait craindre
arriva ; James éprouva bientôt les mêmes symptômes, la
même maladie se développa et il souffrit cruellement
pendant toute la traversée. Enfin, le 26, le *Glen-Gyle*
ayant relâché à Pénang, le médecin de cette colonie anglaise lui déclara qu'il avait bel et bien la petite-vérole, et
le fit interner dans une maison isolée, où il lui fut interdit
de voir personne durant les quinze jours qu'il y passa.
Ne pouvant dès lors, ni lui être utile, ni même l'approcher,
je me décidai à aller l'attendre à Hong-Kong après l'avoir
vivement recommandé au médecin qui se chargeait de
lui.

Pénang est une petite ville, située dans l'île du Prince-
de-Galles, par six degrés de latitude nord et quatre-vingt-
dix-huit degrés de longitude est. Elle appartenait autrefois au royaume de Siam et est occupée par une population en partie indoue, chinoise et malaise.

La pagode bouddhiste est voisine du temple de Vischnou,
et les idoles les plus bizarres y sont portées triomphalement dans les rues sans se faire de tort les unes aux
autres ; les brahmes, les bonzes et les sorciers paraissent
y vivre en bonne intelligence, bannissant le fanatisme

des pays éloignés dont ils représentent les croyances diverses.

La plupart des maisons sont construites en bois et n'ont qu'un étage, ce qui n'empêche pas la ville de présenter une animation extraordinaire. Les rues sont encombrées de tas d'oranges, de mangues, d'ananas, de cannes à sucre et de toutes sortes de fruits. On y voit des poissons aux formes extravagantes, qui vous barrent le passage, des chiens écorchés, pendus par la queue sur la devanture des bouchers, pour l'usage des colons du Céleste-Empire, de riches marchands chinois, des juifs aux longues barbes, des parsis, des nègres nus jouant de la mandoline sur le pas de leur porte, et de tous côtés, cet entrain, ce mouvement, cette gaieté, ce laisser-aller caractéristique et spécial aux pays chauds.

Les maisons, assez éloignées les unes des autres, sont souvent entourées d'arbres au feuillage éternel, mais les environs surtout sont remarquables par la plus riche végétation tropicale que j'aie encore vue aux Indes. Ce ne sont plus les profondes forêts vierges du Brésil; on n'y voit pas, comme sur les bords de l'Amazone, des arbres gigantesques couverts de lianes et d'orchidées, entassées les unes sur les autres depuis l'origine du monde ; mais vous avez à profusion de gigantesques pandanus, des draconas roses, des fougères arborescentes, d'élégants aréquiers, et mille autres plantes dont le feuillage nous paraît aussi étrange qu'il est somptueux et artistique.

A quelques kilomètres de la côte, se trouve une cascade composée d'une série de chutes qui se dispersent à travers un amas de rochers ; je la recommande aux personnes qui passeront à Pénang ; elle est très-pittoresque et vaut bien l'excursion.

Bernardin de Saint-Pierre a dû la voir en songe lorsqu'il peignit les gracieux tableaux de son île enchantée.

Quant à moi, j'ai gardé de cette promenade un triste souvenir.

Le matin, en quittant le steamer, le ciel était voilé et la chaleur modérée, aussi, je m'empressai de délivrer ma tête de l'atroce et lourd *topi* qui l'avait garantie jusque-là, et d'arborer le simple chapeau rond. Or, le soleil ne tarda pas à percer les nuages, et me causa, par son extrême violence, une fièvre cérébrale dont je faillis mourir.

Étant rentré dans ma cabine, je fus obligé à mon tour de garder le lit, et je souffris des douleurs affreuses pendant les trente-six heures qu'il nous fallut pour aller de Pénang à Singapour.

Là, les passagers épouvantés, croyant que j'avais aussi la petite-vérole, consultèrent un soi-disant médecin anglais nommé *M. Rowell.*

Celui-ci, prévenu par le récit qu'on lui fit de notre odyssée, et apercevant à force de recherches, quelques piqûres de moustiques sur mon visage, ne douta pas qu'elles ne fussent les marques évidentes de la maladie que *je devais avoir.*

Un médecin allemand, que je fis venir pour mon compte, ne reconnut en moi aucun des symptômes de la petite-vérole et affirma que Rowell se trompait, sur quoi celui-ci, ne voulant pas céder à un *dutchman,* s'emporta, et peu s'en fallut que chacun de ces deux savants ne m'ouvrit le corps pour prouver à son adversaire la nature de ma maladie! Bref, Rowell fit si bien, que son opinion prévalut, de sorte que je fus obligé de quitter le *Glen-Gyle,* et de m'arrêter un mois à Singapour où je n'avais que faire.

Si je n'étais pas atteint de la maladie que l'on suppo-

sait, j'avais bel et bien une fièvre cérébrale qui m'affai-
blissait au point de me rendre incapable d'aucune réclamation énergique. Je me laissai donc conduire dans un
hôtel assez confortable, où j'espérais pouvoir me faire
soigner tranquillement; mais je comptais sans l'abominable Rowell qui ayant (ainsi que je l'ai su depuis) une
haine mortelle contre les Français, me prit pour cible et
ne cessa de me poursuivre de la manière la plus lâche et
la plus cruelle. Ce misérable vint donc me réclamer dans
l'hôtel où je m'étais réfugié, et effraya si bien les hôtes et
le maître de l'établissement, en leur assurant que j'avais
la petite-vérole, que celui-ci me supplia très poliment
d'aller mourir ailleurs. Le savant docteur se présenta en
même temps comme une image de la divine providence,
pour m'offrir charitablement un refuge dans une maison située aux environs de la ville. Ne sachant encore à quel scélérat j'avais affaire et croyant, comme
les autres, que j'étais atteint du mal dont il me gratifiait,
je le suivis sans difficulté, prenant mon parti gaiement de
ce séjour au lazaret; il me semble même, dans un élan
de reconnaissance, l'avoir embrassé pour le remercier
d'un si rare dévouement.

Nous traversâmes comme de vieux amis, de charmants
jardins, de longues allées bordées d'aloës et d'ananas
sauvages, et nous arrivâmes..... à l'hôpital de la marine,
atroce établissement où le service de garde-malade est
fait par d'anciens forçats! J'imagine que cet excellent
Rowell, me croyant perdu, comptait me disséquer sous
peu.

On m'installa d'abord dans une chambre déjà occupée
par un soldat anglais, auquel on venait d'amputer les
deux bras, et qui ne dissimula point sa mauvaise humeur
en voyant qu'il lui faudrait partager son logement avec

moi. Du moins étais-je certain de ne pas être boxé,
quand même l'envie lui en prendrait ! Aussi bien, il n'eut
pas à se plaindre de moi, car je lui rendis mille petits
services que son infirmité nécessitait.

J'avoue même que j'eus un instant de sérieuses inquiétudes à ce sujet......; mais par bonheur on le retira de là
avant que ses exigences ne fussent devenues trop désagréables.

Resté seul dans cette chambre nue, je passais toutes
mes journées étendu sur une natte, dans un état de pro-
stration complète. De traitement point, si ce n'est une
détestable et repoussante nourriture. Je m'affaiblissais
ainsi de jour en jour, lorsqu'après deux semaines de ce
régime, je reçus la visite de M. Troplong, neveu de l'ancien président du Sénat et consul de France à Singapour.
Ayant entendu dire, par hasard, qu'il y avait un Français
à l'hôpital des matelots anglais, il venait prendre des informations sur son compte, et fut fort surpris d'apprendre les mauvais procédés dont j'avais été victime.

J'ai dit combien j'avais eu à me louer de l'hospitalité
princière des Anglais auxquels j'étais recommandé dans
l'Inde ; toutefois, ne devant pas m'arrêter à Singapour, je
ne m'étais muni d'aucune lettre pour cette localité, dès
lors j'aurais pu y mourir comme un chien, sans qu'un
seul Anglais remuât le petit doigt pour me secourir.

M. Troplong, au contraire, connaissant à peine mon
nom, vint à moi, entraîné par sa seule générosité et dé-
cidé à faire tout ce qui dépendrait de lui pour un compatriote malheureux.

Il est bon de savoir que dans les pays les plus éloignés
de la terre, nous avons des hommes qui soutiennent non-
seulement les intérêts de leur gouvernement, mais repré-

sentent aussi la France par le cœur, la charité et le dévouement.

Notre excellent consul fut d'abord fort étonné de constater que je n'avais aucune trace de la maladie qu'on
m'imputait; il s'enquit de ce qui était arrivé et comprit
tout, dès que le nom de Rowell fut prononcé. Aussitôt, il
me fit monter dans son *càb* et m'emmena chez lui, à la
barbe des infirmiers, ou plutôt des geôliers qui voulaient
me retenir de force.

Ceux-ci tenaient d'autant plus à me garder à l'hôpital
que j'y payais *vingt francs par jour* des soins qu'on
ne me donnait pas.

Le Consulat de France à Singapour, est un bel hôtel
placé au bord de la mer et renfermant de vastes appartements. Le service y est fait par une vingtaine de domestiques chinois et malais, qui rachètent leur ignorance des
usages européens par une extrême bonne volonté et une
fidélité inébranlable, lorsqu'on ne les traite pas en bêtes
de somme. Toutefois, il ne serait pas possible d'en diminuer le nombre, car, aux Indes, un ménage honnête ne
saurait subsister à moins de vingt serviteurs; c'est là un
axiome indiscutable.

M. Troplong m'installa dans cette habitation et voulut
que je fusse comme dans ma famille. — Je ne saurais
assez répéter combien je lui dois de reconnaissance, ainsi
qu'à sa charmante femme, ravissante créole de Batavia.
Pendant quinze jours ils me soignèrent sans cesse, épiant
mon réveil, allant au-devant de tous mes désirs et me
prodiguant tous les soins imaginables. Sans eux, je serais certainement mort, malgré le savant et charitable
docteur Rowell. Je ne veux de mal à personne, mais
la conduite de cet homme a été si lâche et si infâme, que
je l'avoue, j'ai appris avec plaisir le tort que le bruit de

cette aventure lui avait fait dans la société du pays. Il
faut cependant reconnaître qu'il a opéré une cure merveilleuse, puisqu'il a guéri une fièvre cérébrale en soi-
gnant une petite-vérole !

Les chaleurs sont telles à Singapour, qu'il est impossible de sortir avant le coucher du soleil. Je passais donc
mes journées étendu dans un hamac, sous la varandah du
consulat, tout en fumant et causant avec mon aimable
châtelaine. Puis le soir, nous faisions tous ensemble de
longues promenades en voiture au clair de lune, parmi les
délicieux bois des environs. Rarement nous nous diri-
gions du côté de la ville qui, essentiellement mixte,
n'offre rien de bien original, pour un voyageur qui vient
de l'Inde et va en Chine.

Singapour, placé au fond d'une superbe baie, est une
ville très-populeuse et très-commerçante, bien que d'origine toute récente.

Elle se divise en plusieurs quartiers bien distincts ;
l'un est habité exclusivement par des Malais, un autre
par des Chinois, un troisième par des Indous ; enfin le
plus beau appartient aux Européens, presque tous Anglais. Les dollars résonnent de tous côtés, mais la ville
n'en paraît pas plus riche pour cela, et, si j'excepte les
grands établissements européens, on n'y voit guère que
des bouges d'une malpropreté repoussante.

Une chose remarquable est la prodigieuse habileté des
Chinois en matière de comptabilité. Chez tous les banquiers, de même que dans toutes les grandes maisons de
commerce, ce sont les fils du Céleste-Empire qui remplissent les fonctions de commis, de caissiers, de garçons de recettes, etc. Nul ne compte plus rapidement un
millier de dollars en argent, sans jamais se tromper, et
ne sépare les pièces fausses avec un coup d'œil plus sûr.

Les Malais sont employés de préférence aux travaux du port, à cause du bon marché de leur main-d'œuvre. Petits, maigres, chétifs, ils ont de longs cheveux plaqués sur les tempes, l'air idiot et une laideur qui fait rêver. De tous les hommes que j'ai vus dans mes voyages, ce sont assurément ceux qui se rapprochent le plus du singe. Enfin, au point de vue de l'intelligence, je les crois très-inférieurs aux nègres de la côte d'Afrique.

Mais, s'ils ne sont pas très-industrieux, ils sont généralement très-doux, c'est leur seule qualité, — lorsque toutefois la jalousie ne leur donne pas une sorte de furie, appelée *humoc*, qui les portent à tuer d'abord leur femme, et ensuite tous ceux qui tombent sous leurs mains. Il paraît qu'à Sumatra il n'est pas rare d'en voir qui, animés par cette sorte de folie, se précipitent à travers les rues, un *criss* à la main, et cherchent à poignarder tous ceux qui se rencontrent sur leur passage. Lorsqu'un cas d'*humoc* se présente, on frappe le *gong* d'une façon particulière, la population s'attroupe, traque et tue l'assassin comme une bête fauve. M. Troplong nous a dit qu'il avait été témoin, à Singapour même, du triste spectacle qu'offre cette frénésie féroce.

Les Malais et les Annamites se vendent en moyenne cinq dollars dans leur pays, et deviennent l'objet d'un commerce régulier de la part de certains traitants qui fréquentent ces parages.

Quant aux Chinois, ils inondent toute l'Indo-Chine et surtout les colonies anglaises, parce que leur travail y est beaucoup mieux rétribué que chez eux ; mais aussitôt qu'ils ont amassé un petit capital, ils s'empressent de retourner en Chine. Parmi eux se trouvent aussi un grand nombre de coolis, qui ont vendu eux-mêmes leur liberté pour un certain nombre d'années.

Les quais de Singapour sont envahis par une foule de petits marchands qui vendent toutes sortes de produits du pays. On y remarque surtout des tas immenses d'ananas, d'un beau jaune doré, qui se vendent en moyenne trois sous pièce. Ces ananas ne ressemblent en rien à ceux que nous mangeons à Paris; leur chair juteuse et parfumée, est aussi fondante que la pulpe des fraises : c'est réellement le plus sain et le meilleur des fruits.

On achète pour quelques *païces* de ces joncs de toutes nuances dont on fait des cannes en Europe, et que l'on y revend dix, vingt, cinquante et jusqu'à cent francs chaque. Je crois que l'on pourrait aisément gagner le prix d'un voyage autour du monde en achetant d'une manière intelligente un millier de cannes à Singapour.

Cependant, j'eus le plaisir de recevoir de bonnes nouvelles de mon beau-frère, et bientôt je le vis arriver, frais et dispos, avec son entrain et sa gaieté habituels. M. Troplong l'installa chez lui, et, le lendemain, nous partimes tous ensemble de grand matin pour faire une excursion à *Bouquitama*. Plusieurs voitures furent attelées, et trois heures de marche sur une route bordée de manguiers et de cocotiers, nous conduisirent à un petit village isolé au milieu d'une forêt splendide : c'est une mission nouvelle, fruit du travail et du dévouement du révérend père Périer. Nous visitâmes avec beaucoup d'intérêt la petite église de bois qu'il a construite lui-même, et nous assistâmes à l'office où une centaine de néophytes psalmodiaient en chinois des cantiques de David.

Ces braves gens montraient un recueillement exemplaire ; malheureusement, s'ils chantaient de tout cœur, ils chantaient aussi beaucoup du nez, de sorte qu'il ne nous fallut rien moins que la gravité de la circonstance pour garder notre sérieux.

La forêt environnante est fort belle, mais n'approche pas non plus de celles qui couvrent le bassin de l'Amazone. Elle renferme, dit-on, une quantité de tigres, et il arrive fréquemment qu'un promeneur attardé devient la proie de l'un de ces animaux.

Le père Périer nous a raconté qu'un soir un missionnaire s'étant trouvé face à face avec un tigre, et n'ayant aucune arme pour se défendre, s'avisa d'ouvrir subitement son parapluie rouge. Or, ce développement phénoménal de la personne du Révérend Père, épouvanta tellement son adversaire, qu'il s'enfuit aussitôt, croyant avoir affaire à un effroyable dragon.

On nous a montré en plusieurs endroits des fosses profondes armées de piques et habilement recouvertes de feuilles mortes. — Ce sont des piéges au moyen desquels on attrape toutes sortes de bêtes féroces.

Cependant, comme le jour baissait, et que nous n'avions emporté ni fusils ni parapluies, on nous assura qu'il serait prudent de nous en retourner, car après le coucher du soleil, toutes les bonnes petites créatures du bon Dieu que Noé a pris soin de nous conserver, se donnent libre carrière, et tigres, lions, serpents, chacals, surgissent de toutes parts.

Cette excursion termina notre séjour à Singapour. Grâce aux bons soins dont j'avais été entouré au Consulat, mes forces étaient complétement revenues, et nous pûmes profiter du *Donnaï*, bâtiment des messageries impériales, qui partait le 24 février pour la Cochinchine.

Suivant l'usage antique et solennel, nous eûmes dans le

golfe de Siam une mer affreuse, mais on nous avait fait
un tel tableau de cette navigation, que nous la trouvâmes
relativement calme, nous estimant trop heureux de ne
pas faire naufrage.

Toutefois, je ne pouvais me consoler, en songeant que
j'avais à Paris un bon appartement, bien installé, et que
j'étais venu me mettre dans cette galère-là... pour mon
agrément!

Après cinq jours de tangage et de culbutes, nous arrivâmes à l'embouchure du Cambodge. A quelques lieues
de la mer, ce fleuve se réunit à diverses petites rivières
et forme un immense delta, sillonné par un enchevêtrement inextricable de bras qui n'ont qu'une faible profondeur. De plus, les palétuviers dont les racines s'en-
jambent les unes les autres, atteignent souvent jusqu'au
talweg du fleuve. Enfin, en plusieurs endroits, le canal
est si étroit et la tourmente si rapide, que le beaupré du
navire entre dans les arbres de la rive, ou barre complétement le passage. Ce n'est donc qu'avec un excellent
pilote que l'on s'aventure à travers les écueils de ce dangereux dédale.

On remonte généralement jusqu'à Saïgon en trois ou
quatre heures d'une marche lente; mais au moment de
notre arrivée, les eaux étaient exceptionnellement basses, et malgré une infinité de sondages et de tâtonne-
ments, le Donnaï échoua sur un banc de sable. On fit
machine en arrière, on attacha des cordes aux rivages,
rien n'y fit. Il fallut attendre la marée haute pour nous
remettre à flot; sans cet auxiliaire, notre bâtiment était
perdu. Lorsque nous arrivâmes dans la rade de Saïgon,
il était une heure avancée de la nuit et les lumières des
maisons qui garnissent le port, brillaient tout autour de
nous comme des lucioles au milieu d'une forêt,

La Cochinchine, dont la possession est due à l'active initiative de M. le marquis de Chasseloup, est de toutes nos colonies, celle qui paraît destinée au plus bel avenir, — si toutefois nous sommes capables de faire prospérer une colonie !

Son étendue, déjà très-considérable, est susceptible de s'augmenter encore vers les provinces voisines de l'immense empire d'Annam.

La terre qui la recouvre, composée d'un humus de plusieurs mètres de profondeur, est d'une grande richesse et ne nécessite aucune culture. Elle produit les meilleurs fruits des régions tropicales, les mangues, les bananes, les ananas, les cannes à sucre, les goyaves, le riz, le thé, le maïs, l'indigo, l'areck et toutes les épices imaginables. Ses forêts renferment mille bois précieux, tels que l'aquila, le calambac, le santal, l'ébène, et plusieurs autres très-recherchés pour la construction des navires.

Enfin, parmi les arbustes, je citerai : les bambous et les cocotiers, qui offrent tant de ressources aux indigènes, et surtout les mûriers qui, se produisant presque spontanément, permettent aux vers à soie de se multiplier à l'infini. Aussi récolte-t-on les cocons en Cochinchine comme les pommes en Normandie, et la soie devient-elle l'objet d'une exportation considérable vers la Chine, le Japon et l'Europe.

Les Annamites, d'un naturel très-doux, loin d'avoir les préjugés et le fanatisme des habitants de l'Inde anglaise, se convertissent volontiers au christianisme. Enfin ils sont fiers de leur nouvelle nationalité. Ainsi, lorsqu'on leur demande s'ils sont Chinois, Malais, Indiens ou Cochinchinois ? Ils répondent invariablement : « Moi, Français ! »

Tandis que le drapeau anglais flottait à Singapour et à

Hong-Kong; que les Espagnols possédaient les îles Phi-
lippines et les Hollandais Java, nous n'avions aucun port
dans les mers de Chine ! On conçoit donc de quelle importance est pour nous un point aussi central que la
Cochinchine, et cela explique la merveilleuse rapidité
avec laquelle cette colonie s'est développée.

Saïgon est non-seulement un point stratégique de la
plus grande importance, et un endroit où nos marins
peuvent se faire radouber et s'approvisionner, mais encore une jolie petite ville, offrant une grande variété de
ressources.

Toutefois, les maisons construites presque toutes sous
la direction de petits commerçants français, n'ont pas
grand cachet; il faut aller à Chollen, ville indigène, située à quelques lieues de là, pour trouver un peu de
couleur locale.

Le lendemain de notre arrivée, nous prîmes donc un
gari qui, clopin-clopant, nous conduisit à Chollen en une
heure et demie. Cette petite ville est habitée presque exclusivement par des Chinois, et renferme plusieurs pagodes bouddhistes d'une grande richesse, mais je n'en
parle que pour mémoire, car celles que j'ai vues depuis,
en Chine et au Japon, sont beaucoup plus remarquables
et j'aurai à les décrire plus loin.

Cependant l'amiral Ohier, commandant de la Cochinchine, avait eu la bonté de nous inviter à déjeuner, et
n'ayant que juste le temps nécessaire pour arriver à sa
résidence, il fallut nous arracher aux parfums qui brû-
laient devant les idoles de Bouddha, pour nous renfermer
à la hâte dans notre affreux gari. Par malheur, au milieu
du chemin, une roue se casse, et la voiture dégringole
sur un talus qui se trouvait là tout exprès pour amortir
le choc: nous en sommes quittes pour de légères contu-

sions. Notre seule inquiétude est la crainte d'arriver en retard. Impossible de trouver personne pour nous aider ; que faire ?

Enfin le dégât pouvait se réparer, nous replaçons la roue dans son moyeu, et improvisons une cheville à la grande admiration du *gari walla* qui nous croit sorciers, tant et si bien qu'à l'heure fixée, nous faisons notre entrée chez le gouverneur.

Dire le déjeuner qui nous fut offert, autant décrire un festin de Gargantua préparé par Brillat-Savarin. J'avoue que la maigre chair qu'on nous avait fait faire dans la mer de Chine nous avait tellement ouvert l'appétit, que nous avons pantagruelisé avec beaucoup d'entrain. Je crois qu'en mettant à réquisition tout Calcutta, on ne serait pas parvenu à y servir un repas aussi somptueux ; ce qui fait grand honneur aux ressources de Saïgon.

Le soir, nous eûmes le plaisir d'assister à l'un des bals que le gouverneur donne toutes les semaines, et où se réunissent les femmes un peu présentables de la colonie. On voit là des toilettes surprenantes et des figures..... fantastiques.

En somme, cette soirée nous a fort divertis, et nous avons particulièrement gardé un excellent souvenir du gracieux accueil de l'amiral Ohier.

Nous quittâmes l'hôtel du gouvernement au milieu de la nuit, pour rejoindre notre bateau qui ne tarda pas à lever l'ancre et, après cinq jours de navigation, nous arrivâmes en rade de Hong-Kong.

CHAPITRE XVII

L'île de Hong-Kong, encore déserte il y a quelques années, apparaît sous la forme d'un immense rocher sur lequel les Anglais ont construit la ville de Hong-Kong. C'est là le point de ralliement de leur marine et de leur commerce dans les mers de l'extrême Orient. On est heureux d'y retrouver tout le confort de nos grandes villes, lequel devient aussi nécessaire qu'agréable lorsque l'on voyage en un pays lointain.

Il y a, notamment, un hôtel splendide, appelé Hong-

Kong-Hôtel, qui ne le cède en rien, par la grandeur des constructions et l'aménagement intérieur, à ceux de Paris ou de Londres. Les voyageurs y payent vingt-deux francs par jour, tout compris.

Hong-Kong est une ville tout à fait européenne et qui n'a rien de chinois. A la vérité, un grand nombre de coolis, de petits marchands et de voleurs du Céleste-Empire, qui ne pouvaient pas vivre dans leur pays, ont trouvé le moyen de se soustraire à la police des mandarins et sont venus s'y réfugier, mais, bien qu'ils aient formé un quartier spécial, espèce de bazar greffé sur la ville anglaise, ils n'y sont qu'en passant, et ce n'est pas là qu'il faut étudier la Chine. La plupart de ces Chinois exploitent les Anglais de leur mieux, et seraient dangereux si la police ne se montrait à leur égard d'une vigilance et d'une sévérité excessives. Aussi, l'un des principaux bâtiments de la ville est-il une prison monumentale, admirablement bien aménagée. Il paraît même que les Chinois y sont si bien traités, qu'ils font des bassesses pour s'y faire admettre et ne veulent plus ensuite retourner chez eux, ce qui m'a rappelé l'établissement du même genre que j'avais visité près d'Agra.

Hong-Kong possède une foule de riches commerçants, qui remuent les millions de piastres à la pelle et lancent chaque jour à travers le monde des vaisseaux chargés de soie, d'opium et de porcelaine. Il en est qui ont à leur solde des flottes entières, parfaitement armées, afin de pouvoir se défendre contre les pirates chinois.

Il est des gens qui affectent le plus profond dédain pour ces hommes, par cela seul qu'ils s'occupent de commerce, mais, tandis que ceux-ci se promènent en bâillant et sont fiers de jouer le soir quelques louis sur un tapis vert, les autres, actifs, industrieux, jouent, eux, des fortunes entières, mais d'une manière intelligente, et leur tapis vert est l'Océan. Quelle vie plus belle et mieux remplie que celle de ces grands commerçants, qui *remuent* les hommes et les choses, et savent à la fois enrichir leur famille et leur pays !

La plupart d'entre eux, après l'expédition des affaires, se réunissent le soir au club ou rentrent dans leurs demeures, véritables palais disposés avec un luxe dont on ne se doute pas à Calcutta.

La Chine étant un des pays les plus éloignés de l'Europe, les habitants sont amenés à s'y constituer un nouvel *home* et se plaisent à l'entourer de tout le *confort* possible.

Nous avons vu des hôtels entièrement revêtus de boiseries sculptées d'un travail exquis, remplis de porcelaines dont les moindres valaient mille piastres et d'objets d'art de toute sorte venus de la Chine, du Japon et de l'Europe.

Les Gibbs, les Jardin, les Heards et autres notabilités de Hong-Kong, nous ont offert, dans ces royales demeures, des dîners dignes de Lucullus, avec les vins les plus exquis.

Mais le plus merveilleux repas que nous ayons fait dans tout notre voyage, c'est incontestablement chez sir H. Mac Donnel, gouverneur de Hong-Kong. Je n'ai jamais rien mangé d'aussi recherché et d'aussi délicat depuis les fantastiques dîners que donnait autrefois le marquis de B..., alors ambassadeur de Sardaigne à Paris. J'insiste avec intention sur ces détails, parce qu'une foule de personnes se figurent que l'on ne vit en Chine, que de chiens, de rats et de nids d'hirondelles.

Après nous être ainsi refait le tempérament pendant

quelques jours, nous prîmes un matin le bateau à vapeur
qui dessert Hong-Kong et Canton, et en sept heures de traversée, nous arrivâmes dans cette fameuse capitale du
Kouang-Toug. L'absence de quai oblige le steamer à s'arrêter au milieu de la rivière ; là, il est immédiatement entouré d'une centaine de jonques dans lesquelles les
voyageurs descendent comme ils peuvent en s'accro-
chant à des cordes. On ne prend soin que des marchandises. Je rappelai mes plus savantes connaissances en
acrobatie, et je dégringolai lourdement dans une barque
qui nous emmena vers une maison du faubourg d'Ô-nam,
où le batelier assurait que nous pourrions nous loger.
Nous atteignîmes bien les murs noirs de cette maison,
mais ces murs se baignant dans la rivière, nous ne pouvions découvrir ni les uns ni les autres, comment il était
possible d'aborder. Enfin, un Chinois apparut à une petite fenêtre que j'avais d'abord prise pour un égout, et
en fit sortir une longue planche ; ce pont volant nous
permit d'entrer dans un affreux bouge, où l'on nous
donna deux alcôves d'une vertueuse simplicité.

Mais, comme nous n'avions pas l'intention de passer
nos journées dans ce logement, ni d'y donner des fêtes, et
que d'ailleurs c'était le seul endroit de Canton où l'on
daignât recevoir des Européens, il fallut bien nous en
contenter.

Dès que nous eûmes mis sous clef les quelques bagages
que nous avions emportés de Hong-Kong, nous commençâmes nos promenades à travers la ville.

La rivière étant trop large pour que l'on ait pu y jeter
un pont, on est obligé de la traverser dans de petites
jonques d'ailleurs fort bien aménagées. Celles-ci ressemblent un peu aux gondoles de Venise, mais la chambre
centrale y est plus grande et plus confortable. Lorsque

les bateliers ont des passagers, ils leur en laissent la jouissance, se réservant les extrémités du bateau pour faire la
cuisine et ramer ; mais, habituellement, toute la famille
s'installe dans cette petite niche. Chacun y naît, y vit, y
dort, s'y marie et y meurt. Aussi, ce réduit est-il décoré
avec le plus grand soin. Des nattes bien blanches sont
étendues par terre et d'élégants treillis dorés entrelacés de
fleurs tapissent les cloisons. Enfin, dans le fond de cette
chambre, se dresse un petit autel avec une idole entourée
d'ornements de papier doré, et de parfums qui brûlent
sans cesse.

Parvenu de l'autre côté de la rivière, on traverse rapidement sur des planches les parties marécageuses des
berges, et l'on arrive bientôt au centre du principal
quartier de la ville. De vigoureux coolis proposent à
l'envi leurs palanquins ; mais si l'on veut bien voir les
choses, il faut aller à pied.

Canton est une ville d'un million d'habitants, aussi
riche que Paris, et renfermant tout ce que l'on peut rêver
de plus curieux et de plus intéressant ; tout y est étrange,
bizarre et souvent de la plus grande magnificence. Il y
a là un mouvement, une couleur locale dont on ne peut
se faire une idée

Les rues n'ont qu'un mètre cinquante de large, aussi
n'y voit-on jamais de voitures.

Les boutiques s'annoncent de loin par des affiches en
gros caractères rouges ou noirs, dessinés sur des planches vertes ou dorées qui pendent verticalement le long
des murs. Ces enseignes sont très-commodes pour l'a-
cheteur, car on les voit de loin, et de plus elles font en
perspective l'effet d'une colonnade très-pittoresque.

Toutes les maisons sont garnies de superbes lanternes
qui oscillent au moindre vent ; il en est de toutes formes

et de toutes couleurs ; le soir, c'est un spectacle fantastique de les voir s'illuminer de tous côtés. Si elles éclai-
rent moins que le gaz, elles sont beaucoup plus pittoresque et donnent à la ville l'aspect d'une fête perpétuelle.

Les boutiques, dépourvues de châssis vitrés, ouvrent
directement sur la rue. On y vend une foule de choses
qui attirent à la fois les regards de l'étranger. Tous les
produits de l'industrie chinoise étant faits à la main,
conservent quelque chose de l'individualité de l'ouvrier;
de là une originalité spéciale, un cachet que l'on cher-
cherait en vain chez nous, où tout se fait à la mécanique
et dans le même moule, comme nos costumes, nos
paroles, nos personnes, enfin notre vie tout entière.

La vue de toutes ces boutiques produit l'éblouisse-
ment d'un kaléidoscope ; les couleurs les plus vives
frappent vos yeux, tout respire autour de vous, l'intelligence, l'aisance, le travail, la vie.

Ici, l'on vend des milliers de bâtonnets jaunes et
dorés enveloppés de papier d'un rose vif, que l'on brûle
devant les idoles.

Là, c'est un marchand de parapluies en papier, aussi
imperméables, plus légers, plus solides et meilleurs
marché que les nôtres.

Plus loin, un fabricant de lanternes de verres aux formes et aux couleurs les plus chatoyantes, les groupe artistement à la vue des passants.

Des marchands de poissons conservent ces animaux
tout vivants dans des cuves.

Des bouchers suspendent des chiens par la queue.

De superbes soieries et des étoffes admirablement brodées scintillent de tous côtés.

Voici un magasin renfermant toutes sortes de thés, disposés avec un soin respectueux dans de petits paquets aux couleurs éclatantes.

Là bas c'est une boutique d'éventails en bois de sandal orné de figures émaillées, ou en ivoire sculpté à jour.

Voici un marchand de cercueils, puis une immense maison entièrement remplie de vases magnifiques et de porcelaines du plus grand prix.

Des pyramides de mandarines dorées s'élèvent en cent endroits et remplissent l'air de leur délicieux arôme.

Dans une espèce de guérite, un homme armé de pinceaux et d'énormes bésicles rondes, est installe en face d'une coupe qui déborde d'encre de Chine : c'est un calligraphe public qui trace rapidement, sur du papier rose ou bleu d'élégants caractères que le vulgaire n'a pas eu le temps d'étudier.

Mais les étalages les plus intéressants sont ceux des revendeurs et marchands de curiosités. Ceux-ci entassent pêle-mêle les objets les plus disparates de formes et de valeurs. Ce sont des bois sculptés, des écrans de jaspe, des cuivres cloisonnés, des porcelaines antiques valant jusqu'à huit et dix mille francs, des armes curieuses, des ivoires admirablement fouillés, des noyaux de pêche dans lesquels on a taillé tout un petit village et mille autres choses de ce genre.

Une particularité des boutiques chinoises, c'est que chacune d'elles, sans exception, possède deux petites chapelles appelées *djoss* ; l'une est à l'intérieur et l'autre en dehors sur le côté de la porte. Ces *djoss*, entretenus avec le plus grand soin, se composent généralement d'un Bouddha entouré de fleurs, de cierges, de bâtonnets d'encens et de diverses substances aromatiques. Comme ces bâtonnets brûlent perpétuellement devant chaque maison, il en résulte que la ville entière en est parfumée.

Mais pour donner une idée de Canton, il faudrait que je pusse peindre l'agitation qui règne sans cesse de tous côtés ; nulle part je n'ai vu une telle activité.

Le Chinois travaille sans trève, et ne connaît ni heures, ni jours de repos.

On ne voit jamais un seul d'entre eux se reposer, même après le travail le plus laborieux.

Les rues sont remplies de gens courant à leurs affaires, les palanquins s'entre-croisent, des portefaix transportent sur de longs fléaux, des objets de toutes sortes et ressemblent à des balances ambulantes ; plusieurs s'en vont en hurlant des cris rauques, sous le vain prétexte d'attirer les pratiques ; puis, c'est un mandarin à globule rouge que l'on promène processionnellement dans une chaise dorée, précédée de ses porte-parasols et de quelques soldats qui lui font faire place au son du gong.

Ce mouvement est indescriptible et aussi dangereux que pittoresque. En effet, il faut en marchant, veiller constamment autour de soi et regarder de tous les côtés pour ne pas être renversé et écrasé du coup. Si le promeneur se laisse distraire une seconde en regardant quelque riche devanture, il reçoit aussitôt le timon d'un palanquin dans l'œil, le fléau d'un porteur dans le dos ; renverse une marmite de riz, ou tombe dans le vide ; car, outre les dangers qu'il doit éviter devant et derrière lui, il faut qu'il regarde à tout instant à terre, les rues étant barrées à chaque pas par des escaliers de cinq ou six marches, je ne sais dans quel traître but.

Les gens du peuple, à Canton, ont adopté un chapeau fort singulier et extrêmement pratique : c'est un panier rond et plat, de la grandeur d'une ombrelle, qu'ils renversent sur leur tête. Ce gigantesque appareil qui leur descend presque jusqu'aux épaules est fort léger et les protège, suivant le cas, du soleil ou de la pluie, tout en leur laissant la liberté de leurs mains.

Les costumes chinois, qui nous paraissent singuliers au premier abord, sont cependant à la fois logiques, décents, pratiques, frais pendant l'été, chauds pendant l'hiver et susceptibles des ornements les plus riches. Presque tous sont en soie de couleur bleue foncée.

Les personnes impartiales ne peuvent s'empêcher d'être frappées de la simplicité des robes des Chinoises. En effet, elles ne portent pas de corsets qui les emprisonnent, de ceintures qui les étouffent, de jupons qui traînent dans la boue, enfin elles ne se décolletent jamais, car elles trouvent cet usage fort inconvenant. Elles ont une simple robe longue agraffée sur le côté, souvent en soie et magnifiquement brodée, mais toujours propre, commode, gracieuse puisqu'elle est naturelle, et, en tous cas, parfaitement rationnelle.

Cependant ce costume fait rire les Européens !!! Il est vraiment triste de voir à quel point nous sommes routiniers et attachés à nos petits usages quels qu'ils soient, bons ou mauvais, surtout aux mauvais.

L'habillement des Chinois ressemble beaucoup à celui des femmes; mais ils ont une tunique plus courte, portent de grandes manches et de larges pantalons flottants.

Il est très-facile à mettre, agréable à porter, et n'offre aucun des inconvénients et des ridicules des vêtements européens. A tout prendre, je crois qu'à ce sujet, les Chinois pourraient nous rendre des points.

Ce qui étonne le plus, c'est la coiffure des habitants du Céleste-Empire ; mais que doivent-ils penser en voyant nos perruques poudrées, nos chapeaux tuyau de poële et les habits extravagants dont nous sommes affublés.

Il est curieux de voir des jeunes filles rire aux éclats de la tresse des Chinois, alors qu'elles-mêmes en ont deux dont elles sont très-fières. Il me semble que nous avons tous *tant de tresses*, que nous serions assez mal venus de nous moquer de celles des autres.

Les familles chinoises s'assemblent, matin et soir, pour faire leurs prières en commun devant les djoss dont j'ai parlé plus haut, et qui sont pour eux comme les dieux pénates des Romains ; c'est ce qui fait qu'ils délaissent un peu leurs pagodes.

Il en est cependant d'assez riches ; de gigantesques lanternes de quatre à cinq mètres de haut, des banderolles de couleur et leurs larges toits souvent peints en vert les annoncent de loin.

Intérieurement, le peuple y est agenouillé sur des nattes devant des autels qui ressemblent beaucoup aux nôtres. L'idole principale, généralement un Bouddha, est ornée d'une auréole qui ressort sur un fond d'or et est entourée de fleurs artificielles, de cierges et de cassolettes.

Les murs des pagodes sont toujours revêtus de nombreuses inscriptions en lettres d'or, rappelant les principaux préceptes de morale. Enfin, la richesse du monument se traduit par la beauté des objets d'art qui s'y trouvent répandus comme au hasard ; ce sont de magnifiques porcelaines et des statues de bronze représentant des dragons, des lions et toutes sortes d'animaux fantastiques.

Un des temples les plus remarquables de Canton est celui que nous appelons improprement la pagode des cinq cents idoles. Cinq cents statues de bronze de sept à huit pieds de haut, élevées en l'honneur des principaux sages de la Chine, sont là rangées en ordre comme dans un musée. On voit donc que le mot d'idole, dans l'acception ridicule que nous lui attribuons, ne saurait donner

une idée juste de ces statues, qui sont absolument semblables à celles de nos saints.

Les Chinois sont en grande partie bouddhistes, mais
d'une secte qui n'a presque plus rien de commun avec la
religion prêchée par le fondateur.

On s'étonne de voir des gens aussi intelligents que les
Chinois, suivre une religion si grossière, mais il paraît
qu'au fond, ils sont tous très-sceptiques, et ne croient
pas plus à l'importance des dogmes de leur pays qu'à
celle des dogmes des pays étrangers. Il en résulte qu'ils
ne s'inquiètent nullement des transformations de leur
bouddhisme, et laissent à ce sujet les bonzes se démêler
comme ils l'entendent avec la plus basse classe du
peuple. Quant aux mandarins et aux lettrés, ils suivent
tous la doctrine de Confucius, c'est-à-dire le déisme pur.

Le lendemain de notre arrivée, nous avons eu le plaisir
de faire la connaissance du baron de Trinqualye, consul
de France à Canton. Sa superbe habitation, entièrement
chinoise, est appelée le *Falança yamoûn*.

Une immense avenue conduit à divers pavillons jetés,
comme au hasard, au milieu d'un parc fantastique, avec
rochers artificiels, ponts de bambous, kiosques, laby-
rinthes, rocailles, surprises, arbres nains, portes circu-
laires, et tout ce que peut rêver une imagination extra-
orientale. Enfin, les meubles sont tous en bois sculpté
à jour de la façon la plus artistique, et les tentures en
riches soieries.

Nous allions souvent dîner au Falança yamoûn, et
cela nous consolait fort de la maigre chair que nous faisions au bouge d'*O-nam*.

Un soir, nous étant attardés à faire de la musique,
l'heure de la fermeture des portes fut annoncée à coups
de gongs, et nous aurions eu maille à partir avec la

police chinoise en rentrant chez nous, sans un laisser-passer en blanc du vice-roi, que M. de Trinqualye nous donna. En effet, à peine nos palanquins avaient-ils traversé une rue, que nous trouvâmes le chemin barré par deux épaisses grilles de bois; mais la présentation de notre papier jaune nous valut de nombreux *chin-chin* de la part du gardien, et il s'empressa de retirer ses verroux.

Il nous fallut traverser en tout quatorze portes semblables avant de pouvoir regagner notre domicile; bien heureux de ne pas être arrêtés comme une foule de Chinois attardés qui, n'ayant pas notre talisman, restaient emprisonnés entre chaque paire de grilles, et y faisaient la plus triste figure en attendant que le lever du soleil vînt les délivrer.

Cet usage a été imaginé afin de localiser les vols et d'empêcher les malfaiteurs de s'enfuir aisément d'un quartier à l'autre.

Si les Chinois sont laborieux, intelligents et industrieux, ils ont aussi de très-grands défauts; ils sont notamment très joueurs, voleurs, cruels, enfin ce sont les gens les plus moqueurs que j'aie jamais vus, ce qui les rend essentiellement antipathiques. Lorsque nous nous promenions à travers les rues de Canton, une foule de Chinois se groupaient sur notre passage; plusieurs allaient en toute hâte chercher leurs familles ou leurs amis, et ils riaient aux éclats en se montrant nos costumes et surtout ma moustache qui paraissait les amuser tout particulièrement. Si nous leur demandions notre chemin, ils ne manquaient jamais de nous lancer dans une fausse direction, trop heureux lorsqu'ils ne nous poursuivaient pas de l'épithète de *fane-kouaïe*, c'est-à-dire diables de barbares.

Le soir nous allions souvent passer quelques heures

dans des *thsin-song sampan*, connus des Européens,
sous le nom de bateaux à fleurs, espèces de cafés chantants, où l'on se réunit pour prendre du thé et entendre
de la musique.

Ces sortes de jonques, de la grandeur et de la forme
de petites maisons flottantes, ont la pompe et la proue
démesurément relevées ; enfin l'arrière s'ouvre par une
grande porte cintrée et vitrée.

Lorsque l'on est parvenu péniblement à gagner la galerie intérieure, à l'aide de planches glissantes qui servent de ponts trop suspendus, on pénètre dans un appartement composé de deux salons richement décorés, qui
communiquent entre eux par d'élégantes colonnettes
torses et des encadrements de bois sculptés et taillés à jour
dans le goût chinois. Les murs sont garnis de treillages
dorés et le vitrage en verre de couleurs des fenêtres laisse
apercevoir les charmantes lanternes placées au dehors.

De tous côtés se trouvent des statuettes, des tableaux
grotesques et mille choses curieuses, le tout brillamment
illuminé. Enfin, au centre on a placé une grande table de
marbre recouverte de théières, d'oranges, de tasses transparentes, de graines de citrouilles grillées, et de miroirs
de métal auprès desquels figurent deux ou trois petites
boîtes de porcelaine et de laque, dont nous ne pouvions
nous expliquer l'usage.

Autour de cette table, il y avait le soir de notre visite
quinze ou vingt jeunes femmes revêtues de belles robes de satin bleu ou noir. La plupart se tenaient dans
une immobilité parfaite et ressemblaient à de vraies
potiches, ne remuant que pour ingurgiter de microscopiques tasses de thé ou croquer des graines de citrouilles.

L'une d'elles, cependant, avança un bras par un mouvement automatique, fixa son petit miroir sur un trépied

en face d'elle, ouvrit une boîte de laque, en tira un élégant pinceau, le trempa dans une autre boîte, puis se barbouilla tout le visage de blanc, mit du rouge sur ses lèvres, du noir sur ses sourcils, enfin se farda publiquement sans plus de vergogne qu'une Parisienne dans son cabinet de toilette ! Ensuite sa voisine et toutes les autres en firent autant.

Les femmes d'origine chinoise avaient les cheveux arrangés avec le plus grand soin et collés de chaque côté avec de la gomme, de telle façon que leurs coiffures ressemblaient à des papillons aux ailes déployées. Les femmes d'origine tartare, au contraire, se reconnaissaient à leur longue tresse qui s'allongeait sur leur dos comme celle des hommes.

Bientôt une douzaine de musiciens arrivèrent et s'installèrent sur une ligne droite au fond du salon. Le premier tapait l'une contre l'autre d'immenses cymbales ; le second râclait un petit crin-crin d'une forme bizarre, et tirait de ses cordes métalliques des sons extrêmement élevés et encore plus désagréables. Le gong occupait naturellement la place d'honneur ; puis une fort jolie femme répétait continuellement le même accord sur une large guitare, qu'on entendait à peine ; une autre avait placé entre ses jambes un tambour de fonte, et faisait avec deux baguettes un bruit qui rappelait le quartier des chaudronniers de Gênes. Un énorme gaillard frappait à tour de bras deux morceaux de bois disposés en claquoir, et un petit homme grassouillet soufflait d'un air penché dans une interminable flûte, et semblait prendre à tâche d'imiter les plaintes d'une âme nervoso-mélancolique. Enfin, des chanteurs glapissaient à l'unisson à l'octave suraiguë de la façon la plus étrange.

Lorsque tous ces enragés jouaient ensemble, c'était une

cacophonie dont les orchestres de nos petits théâtres pourraient seuls donner l'idée ; mais de temps en temps ils semblaient saisis d'un remords de conscience, se ralentissaient et alors la flûte seule gémissait.

J'ai recueilli quelques phrases de cette musique, lesquelles ont un caractère assez original et forment le refrain de tous les airs chinois. :

Lorsque ces quatorze mesures ont été répétées une cinquantaine de fois, on fait entendre une douzaine de coups de gong et de cymbales, afin de rompre la monotonie, comme le font chez nous les accords de septième diminuées, ce qui permet de recommencer indéfiniment.

Cette musique agit puissamment sur les nerfs, aussi excita-t-elle tous les assistants et la scène se transforma complétement.

Les Chinois qui, jusque-là, fumaient en silence devinrent bientôt très-joyeux et exprimèrent leur gaieté en se faisant les uns aux autres toutes sortes de plaisanteries de leur façon : l'un attachait ensemble les tresses de deux voisins ; un autre prenait et cachait l'épingle où plutôt la fourche qui retenait les cheveux d'une femme, et autres facéties de ce genre.

Quant aux Chinoises, leurs yeux s'éclairaient petit à petit, et surexcitées par la circonstance, elles manifestaient leur bonne humeur par des phrases qui ne paraîtraient que médiocrement gracieuses à un Européen. Ainsi, par exemple : *Sané-Kétao* « coupez votre tête » prouve un véritable amour, et *Kat-Chak* « cancrelas » est un terme d'amitié qui ne se prodigue pas à tout le monde.

Quelques hommes, étendus sur des nattes, savouraient avec une sorte d'avidité sensuelle, l'ivresse que leur procurait l'opium.

D'autres allaient et venaient en disant mille niaiseries, se moquant de tout et de tous, car, je le répète, les Chinois sont les gens les plus moqueurs de l'univers.

Plusieurs jolies femmes nous offraient avec beaucoup de grâce des tasses de thé, et s'efforçaient de nous fourrer dans la bouche des quartiers d'orange où des graines de citrouilles grillées.

Cependant les gens sérieux dégustaient dans la salle voisine un souper composé de :

Nids d'hirondelles. — Chenilles rôties. — Ailerons de requin. — Chien gras. — Vers sautés à l'huile de ricin. — Poissons crus. — Cigales grillées, et autres friandises dans le même goût, qu'ils mangeaient au moyen de leurs petites baguettes d'ivoire, le tout arrosé de vin d'agneau et d'eau-de-vie de mouton.

Il paraît qu'avec l'habitude on trouve ces plats exquis. D'ailleurs, les Chinois ont, en fait de cuisine, des prétentions dont nous ne nous doutons pas, et dépensent souvent des sommes immenses pour leurs repas.

Une particularité qui mérite d'être citée, c'est qu'ils ont poussé l'art culinaire jusqu'à employer des bois différents suivant ce qu'ils veulent faire cuire. Ainsi, ils ont remarqué que le feu produit par le bois d'acacia est éminemment favorable à la cuisson de la chair de porc, le bois de mûrier, souverain pour le poulet, et le bois de pins pour chauffer l'eau du thé.

« Les manières de faire les invitations et de se tenir à table, dit l'abbé Girard, dans son intéressant ouvrage sur la Chine, sont indiquées par des règles déterminées qui rappellent celles de notre civilité puérile et honnête. On commence par envoyer, quelques jours à l'avance, à la personne que l'on désire avoir, une carte de couleur cramoisie indiquant le jour et l'heure du festin, et par laquelle on la prie d'accorder l'illumination de sa présence, puis l'on renouvelle cette invitation par trois fois. »

« Quand vous traitez quelqu'un ou que vous mangez à sa table, lisons-nous dans un des livres classiques chinois, soyez attentif à toutes les bienséances ; gardez-vous bien de manger avec avidité, de boire à longs

traits, de faire du bruit avec la bouche ou les dents, de
ronger les os et de les jeter aux chiens ; de humer le
bouillon qui reste, de témoigner l'envie que vous fait
tel plat ou tel vin particulier ; de souffler le vin qui
est trop chaud, de faire une nouvelle sauce aux mets
qu'on vous a servis. Ne prenez que de petites bouchées,
mâchez bien les viandes entre vos dents, et que votre
bouche n'en soit point trop remplie... »

« Notons pour mémoire que la « civilité chinoise, »
tout abondante qu'elle est en minutieuses prescriptions,
pêche cependant par quelques graves omissions, en vertu
desquelles, convives et amphitryons, se permettent certaines licences que prohibe au premier chef l'urbanité
européenne. Non-seulement, en Chine, les gros éclats de
rire sont tolérés à table, mais il n'est pas même mal-
séant de les accompagner du bruit sonore et incivil que
produisent, expulsées par la bouche, les vapeurs d'un
estomac quelque peu surchargé. Selon les usages reçus
parmi les Chinois, cette incongruité est prise pour un
signe flatteur qu'on donne à son hôte d'un appétit satisfait. Cette coutume paraît aussi naturelle en Chine
que peut l'être en Europe l'action de se moucher, d'é-
ternuer ou de tousser. »

Pour en revenir à notre *thsin song sampan*, ce qui
nous parut le plus curieux, ce furent les évolutions d'un
certain Chinois qui est resté dans mon esprit comme la
personnification de la lubricité. Ce gros homme avait la
figure apoplectique, la lèvre inférieure charnue et frémis-
sante; enfin, chacun de ses mouvements trahissait un
tressaillement des chairs. S'il apercevait quelque objet
qui lui plût : une pomme, par exemple, il se précipitait
sur elle avec une gloutonnerie féroce, et sans s'inquiéter
des assistants, la regardait, la palpait et la humait avec

délice, alors son œil grandissait, puis devenait sec et
fixe; on lui parlait, mais il n'entendait plus; enfin tous
ses membres se tordaient dans une horrible contorsion,
et ses traits crispés lui donnaient l'air d'un démon. Le
fait est qu'il paraissait nager dans un autre monde.
Cependant, ce vieux paillard ne mangea pas la pomme,
car elle ne devait servir que d'ornement; sans doute
encore trop verte, on la réservait pour je ne sais quelle
autre occasion.

En nous retirant, nous voulions, comme de juste,
payer notre écot, ou tout au moins notre consommation,
mais on ne voulut rien accepter. Ce n'est pas certes,
que l'on cherche à attirer les Européens, car ils sont très
mal vus et discréditent, aux yeux des Chinois, les maisons de thé où ils se rendent souvent.

Bien que les habituées des bateaux à fleurs soient d'une
vertu douteuse, et que les Chinois répètent sur leur
compte mille anecdotes que je ne puis retracer ici, néanmoins elles se montrent d'une chasteté farouche à l'égard
des Européens qu'elles considèrent comme des sauvages
repoussants.

Telle femme qui accordera volontiers ses faveurs à
un Chinois pour quelques *sapèques*, refusera un Européen,
même s'il lui offre une somme considérable, de crainte
de se déshonorer aux yeux de ses compatriotes; à
moins toutefois que la chose ne soit tenue parfaitement
secrète.

En revanche, les jeunes filles s'achètent à leurs familles
moyennant un prix qui varie généralement de cinquante
à cinq cents dollars. — Il paraît que les femmes acquises
de cette manière deviennent très-fidèles et très-dévouées
lorsqu'on les traite avec un peu de ménagement. On dit
même qu'il n'est pas rare de voir l'une d'elles rendre à

16

son mari ou à son amant, l'argent qu'elle en a reçu, si celui-ci éprouve subitement des revers de fortune, et le servir pendant le reste de sa vie comme une esclave sans lui demander jamais la moindre rétribution.

En Chine, la polygamie est admise, mais la première femme a seule le rang d'épouse et commande sans discussion à toutes les autres.

Outre les *tsin-song sampan*, dont je viens de parler, il en est de spécialement réservés... aux canards. Ces animaux ne sont pas destinés à la consommation et l'usage qu'en font les lubriques Chinois est tellement ignoble qu'il m'est impossible d'en donner l'idée dans cet ouvrage.

Parmi les excursions que nous avons faites à Canton, je ne dois pas omettre notre visite aux prisons que nous avons pu voir en détail, grâce à sir H. Mac Donnel venu tout exprès de Hong-Kong et qui nous a permis de l'accompagner.

Dans une cour étroite et boueuse, plusieurs centaines de prisonniers, les fers aux pieds, grouillaient pêle-mêle, n'ayant pour tout refuge qu'un grabat d'une dégoûtante malpropreté.

Ces malheureux sont si mal traités, et nourris d'une manière si insuffisante, que presque tous contractent rapidement les maladies de peau les plus hideuses. J'en ai vu un notamment dont les chairs, en certains endroits rongées jusqu'aux os, s'étaient recouvertes d'écailles vertes de l'aspect le plus épouvantable.

Une bonne partie d'entre eux étaient condamnés à mort et attendaient leur exécution en jouant aux dés. Telle est, en effet, l'indifférence des Chinois pour la mort, qu'il nous était impossible de distinguer ceux qui avaient été condamnés à la peine capitale de ceux qui n'étaient en prison que pour quelques jours.

Non loin de cet établissement se trouve la pagode des supplices, où les parents de ceux qui sont sous le coup de quelque jugement, viennent brûler des milliers de *djoss sticks* en leur faveur.

Une vingtaine de chambres donnent sur l'ancien prétoire des supplices, dont elles sont séparées par de simples grilles. Dans chacune de ces chambres, on a représenté, au moyen de statues en bois peint, les principaux supplices usités autrefois en Chine, et dont on croit utile de perpétuer le souvenir dans le peuple. Ces figures, de grandeur naturelle, vues dans le demi-jour, ressortent avec une vérité effrayante.

On voit d'abord un homme que l'on étouffe dans une peau mouillée qui se resserre petit à petit.

Puis un patient que l'on scie entre deux planches.

Un autre est broyé lentement entre deux meules de moulin; le sang coule dans une rigole, et des chiens viennent s'en abreuver.

Ici est une grande marmite pleine de plomb, que le bourreau fait fondre avec un amoureux plaisir.

Là, un pauvre diable est placé sous une grande cloche, qui descend lentement sur lui, et qui finira par l'écraser.

Cet autre vient d'être brûlé d'un côté, et on le laisse souffrir le plus longtemps possible avant de recommencer l'opération.

On voit par l'atrocité de ces tourments qui, malheureusement, ont été si souvent appliqués à des chrétiens innocents, que les Chinois ne le cèdent pas en cruautés aux féroces inquisiteurs de l'ancienne Europe.

Mais parmi les supplices ainsi représentés, s'en trouve un encore plus extraordinaire qu'épouvantable : c'est une femme cousue dans une peau de chèvre que le bourreau empâle méthodiquement avec une longue verge de fer. Je vais tâcher de faire comprendre d'une manière décente la raison de cette étrange exécution; pour cela quelques périphrases me seront nécessaires.

Chacun se représente le type du beau artistique d'une manière différente; les uns admirent une Vénus aux formes molles et harmonieuses; d'autres préfèrent un bel Apollon ou un Hercule à la riche musculature; il en est qui admirent surtout les contours arrondis d'un petit enfant: les Chinois, eux, considèrent la chèvre comme l'idéal du beau.

Par suite, il arrive qu'une femme, désireuse de se rattacher un mari inconstant, se fait coudre dans une peau de chèvre et le surprend agréablement en se présentant à lui sous cette forme nouvelle.

Toutefois, la loi ne tolère pas plus cette espèce de bestialité que les juges ne permettaient chez les Israélites celle dont parle la Bible, et elle punit ce crime par le supplice que je viens de mentionner.

Les exécutions se font deux ou trois fois par semaine à Canton, et à chacune d'elles on coupe la tête à une trentaine de personnes. Le gouverneur de Hong-Kong, qui doit être bien informé, nous a dit que le vice-roi *Yé*, prédécesseur du chef actuel du Kouang-Tong, avait fait exécuter soixante-dix mille insurgés, pirates et autres bandits en quelques années. Aussi le bourreau de Canton se *vante-t-il* d'avoir, lui et ses aides, coupé la tête à cent mille personnes, et d'en avoir abattu quarante mille de sa propre main?

Ce fonctionnaire reçoit la valeur de neuf sous par tête, et garde en outre, comme bonne main, le sabre dont il s'est servi à chaque séance.

M. de Trenqualys nous a montré une lettre fort curieuse de ce *Yé*, si célèbre par ses exécutions et par sa politique d'exclusion vis-à-vis des Européens.

Les consuls de France et d'Angleterre avaient cru devoir, suivant les usages diplomatiques, avertir le viceroi de Canton, en 1856, de la victoire remportée sur la Russie à Sébastopol; alors, celui-ci répondit par la lettre étrange, dont voici la traduction :

« Le grand mandarin Yé a l'honneur de faire savoir aux consuls de France et d'Angleterre que, lorsque les peuples de l'Occident se battent entre eux, le gouvernement du Céleste-Empire ignore jusqu'à l'existence de leurs querelles.

                                                    « YÉ. »

En quittant la pagode des supplices, nous avons traversé un quartier exclusivement occupé par des bijoutiers, qui vendent des objets de jade très-appréciés des Chinois, aussi cette pierre jaune, grise ou verte, qui n'a pas l'éclat de nos pierres précieuses de troisième ordre, atteint-t-elle en Chine un prix fabuleux.

Un peu plus loin, on nous a fait voir l'endroit ou chaque année les jeunes gens subissent leurs examens pour le grade de mandarin.

Huit mille cellules sont disposées les unes à côté des autres dans un vaste terrain isolé.

Les candidats y apportent leur nourriture et y sont enfermés pendant plusieurs jours sans pouvoir communiquer avec personne.

Les examens ont en Chine une importance énorme, car toutes les places, depuis celles de vice-roi jusqu'à celles de professeurs dans un village, s'obtiennent exclusivement par le mérite personnel.

L'abbé Girard dit à ce sujet « Malheur au prince de sang impérial dont les mérites réels ne justifieraient pas les priviléges que lui donne sa naissance ! D'un moment à l'autre il peut déchoir, descendre au rang du simple peuple, perdre tout titre, tout pouvoir, sans conserver même le droit de porter le moindre insigne honorifique de son premier rang ou de ses anciennes dignités. » Et plus loin : « La loi veut que les emplois publics soient accessibles à tous et qu'aucune capacité ne soit exclue, du moment qu'elle a été reconnue réelle et proclamée telle dans les examens publics et officiels établis pour le constater. Chacun est libre de subir les épreuves exigées; et il n'est pas rare de voir l'enfant du peuple arriver par cette voie aux fonctions les plus élevées, le fils du paysan devenir mandarin, et le fils du mandarin, en cas d'infériorité, devenir pâtre, s'il ne préfère, comme suprême ressource, s'engager à titre de simple soldat. Chacun peut donc, à la lettre, se faire en Chine le fils de ses œuvres et l'unique artisan de sa fortune. »

On voit donc que les Chinois ont réalisé, depuis des siècles, les idées démocratiques qui sont encore à l'état de rêve parmi les peuples européens.

D'ailleurs, il faut reconnaître que les Chinois nous ont devancés en tout, et que nous leur sommes redevables de presque toutes les découvertes scientifiques, morales et industrielles, dont nous profitons aujourd'hui.

Ils calculaient les éclipses et construisaient des sphères célestes plus de deux mille deux cents ans avant notre ère. Cinq cents ans avant Jésus-Christ, ils connaissaient l'imprimerie, les propriétés de l'électricité statique et celles de l'aiguille aimantée, ils organisaient une administration des postes dans tout l'empire, employaient les ponts suspendus, inventaient la poudre et fabriquaient les premiers canons ; ils luttaient contre les inondations par des travaux hydrauliques prodigieux et creusaient de magnifiques canaux dans toutes les directions.

Enfin, et surtout dès le dix-septième siècle avant notre ère, ils avaient déjà formé un code de lois d'une extrême sagesse et reconnaissaient des préceptes de morale admirables que plus tard *Lao-tseu* et *Confucius* n'ont fait que recueillir.

Il faut donc renoncer aux idées étroites qui nous portent constamment à voir l'univers dans notre petit cercle, et admirer sans arrière-pensée le plus grand empire qui fut jamais.

Je ne dois pas quitter Canton sans dire un mot de Monseigneur Guilmin, l'excellent évêque qui nous y représente, et qui, grâce au concours de l'œuvre de la Sainte-Enfance, élève une quantité considérable de néophytes, véritable pépinière d'amis de la France.

M. de Trenqualys et Monseigneur Guilmin ont obtenu du vice-roi actuel la concession d'une carrière de pierre et d'un vaste terrain, sur lequel une magnifique église commence à s'élever. Ce sera un très-beau spécimen de l'architecture gothique.

Nous passâmes ainsi une dizaine de jours à parcourir Canton, et ce ne furent pas les moins bien employés dans notre voyage.

De là, nous allâmes à Macao, l'une des plus anciennes villes de la Chine, et qui appartient depuis plusieurs siècles au Portugal. On n'y voit pas le mouvement de Hong-Kong ou de Canton, mais la ville est vaste, bien pavée, bien entretenue et en fort bon état. J'ai peu vu de colonies portugaises aussi florissantes.

On remarque dans le quartier exclusivement chinois,

un nombre incalculable de maisons de jeu. Les Chinois passent leur vie dans ces tripots, et veillent toute la nuit à la lueur d'une lampe fumeuse, vautrés sur une table verte pour jouer quelques sapèques.

Au premier moment, nous étions fort étonnés de les voir se servir de pièces microscopiques qui paraissaient avoir une valeur infinitésimale, mais on nous a expliqué que c'était des jetons d'une valeur conventionnelle et qu'ils employaient ce moyen pour éviter les vols.

Les Chinois sont tellement joueurs, qu'après avoir perdu leur fortune ils jouent leur maison, leurs femmes et jusqu'aux doigts de leurs mains qu'ils se coupent avec un stoïcisme digne d'une meilleure application.

Les habitants de Macao aiment passionnément la musique et il en est qui jouent très-agréablement d'une sorte de cithare appelée *yong-kum*, dont les cordes sont mises en vibration au moyen de deux petites baguettes. Ils en tirent des sons délicieux, et nous les écoutions avec un vrai plaisir lorsque nous les entendions à quelque fenêtre, en nous promenant le soir dans les rues les plus calmes de la ville.

Une seule journée nous a suffi pour voir Macao, et le 18 nous étions de retour à Hong-Kong.

Ce soir là, il y avait justement une représentation au théâtre chinois, et nous n'avons pas manqué d'en profiter.

La salle est carrée, très-vaste et disposée à peu près comme les nôtres, ou plutôt comme celle qu'avait Dupré il y a quelques années au boulevard Beaumarchais.

Les acteurs sont généralement revêtus de longues robes traînantes, suivant l'ancien usage du pays. Ceux qui jouent des rôles d'hommes s'attachent de grandes hardes mal rapportées afin qu'on puisse aisément les distinguer des jeunes gens qui jouent les rôles de femmes, car celles-ci ne figurent jamais sur la scène.

Les acteurs ont coutume de dire leurs rôles avec une voix de fausset tellement aigüe qu'elle rappelle le *youlement* des femmes arabes. Au premier moment, cela paraît d'un étrange qui frise le ridicule, mais on ne tarde pas à s'y faire. On comprend que par ce moyen, la voix porte à une grande distance et s'entend avec une netteté parfaite.

D'ailleurs les artistes chinois négligent complétement les accessoires, les décors, les costumes et l'art de la déclamation pour ne s'occuper que du fond.

Il paraît, en effet, d'après les comptes-rendus dramatiques de Pauthier, que les comédies chinoises sont fort remarquables, et cachent sous des plaisanteries grotesques et des fleurs littéraires, un grand fond de moralité et de philosophie. C'est ainsi qu'ils ont traité depuis des siècles tous les sujets qui ont illustré en Europe, Molière, les écoles italienne et espagnole.

CHAPITRE XVIII

Le 19 mars, nous nous sommes embarqués sur un
steamer de la compagnie américaine en partance pour le
Japon.

La traversée de Hong-Kong à Yokohama se fait habituellement en huit ou neuf jours, mais le mauvais
temps et les vents contraires nous ont retenu onze jours
en mer, et ce n'est que le 29 que nous sommes arrivés
au terme de notre voyage.

Les eaux de la baie d'Yeddo étant très-peu profondes,
les paquebots sont obligés de jeter l'ancre à peu près à
un mille du rivage, de sorte que les jours où la mer n'est
pas parfaitement calme le débarquement est un peu fan-

taisiste. Un *sampan* de pêcheur nous conduisit cependant à bon port.

On sait que les Japonais, jaloux de leur isolement, ne permettent pas aux marins européens de relâcher à Yeddo, et n'ont accordé l'entrée du port de Yokohama que contraints par les menaces de la flotte anglo-française.

Pour assurer l'exécution des traités, les alliés ont été amenés à réclamer la concession d'une position militaire qui domine la ville, et dans laquelle ils entretiennent une garnison mixte.

Yokohama joue donc au Japon le même rôle que Hong-Kong en Chine. C'est une petite ville de construction toute récente, peuplée de commerçants européens, surtout allemands, et dont le quartier japonais, bien que considérable, n'est cependant que l'accessoire.

Il est bon d'observer, à ce sujet, que la population japonaise, qui augmente de jour en jour, grâce aux bénéfices considérables qu'elle réalise en trafiquant avec les étrangers, respecte cependant à tel point les lois du pays, qu'elle est toujours prête à plier bagage et à disparaître en une nuit sur un mot de ses chefs.

Lorsque les Japonais croient avoir à se plaindre des Européens, ils s'en vengent en faisant le vide autour d'eux.

Nous avons eu plusieurs fois l'occasion de constater par nous-mêmes, combien ils étaient disposés à se servir de cette arme diplomatique.

Le quartier des Européens est assez pittoresque, car ils ont eu le bon esprit d'adopter, dans la construction de leurs maisons, ce qu'il y avait de plus artistique et de plus pratique dans la forme extérieure des habitations japonaises, tout en disposant l'intérieur avec tout le confort désirable.

C'est à Yokohama que les membres du corps diplomatique ont établi leurs résidences, bien que le siége de leurs légations soit officiellement à Yeddo.

Les Japonais n'ayant pu les empêcher légalement de s'installer dans leur capitale, y parviennent cependant en les assassinant systématiquement ou en brûlant leurs demeures.

A Yokohama, au contraire, les Européens sont en sûreté, grâce à la protection des forts; chaque jour des vaisseaux leur apportent des nouvelles de l'Europe et ils oublient leur exil en vivant au milieu de leurs compatriotes.

La plupart paraissent se faire une fête de recevoir les étrangers. La légation française notamment, se distinguait par son hospitalité, grâce aux comtes de Montébello, de Béarn, et Tascher qui tenaient tous les jours table ouverte pour leurs nombreux amis.

J'ai eu aussi le plaisir de retrouver à Yokohama, la comtesse de la Tour, dont le mari remplissait les fonctions de ministre d'Italie. Sa parfaite connaissance de la langue japonaise lui a permis d'étudier sérieusement le pays qu'elle habite, de sorte que les fêtes auxquelles elle voulait bien m'inviter devenaient, par sa conversation, aussi instructives qu'agréables.

Le yamoun de Madame de la Tour est un modèle d'habitation européo-japonaise. La magnificence des appartements intérieurs, les salons de satin bleu, les objets d'art qui s'y trouvent, rappellent les plus riches hôtels de Paris. Au dehors, de charmantes lanternes de couleur sont suspendues sous de larges auvents, les murs élégamment treillissés et les toits recourbés en pointe; enfin cette gracieuse demeure est comme enchâssée dans un ravissant jardin rempli de camélias arborescents d'un effet merveilleux.

On sait que le Japon est le pays des camélias par excellence; ces arbustes y prennent les dimensions de véritables arbres, et leurs fleurs sont sans exagération de la grandeur d'une couronne. Ces camélias croissent avec une telle profusion, que leurs pétales couvrent les allées comme d'une neige rose, toujours renaissante.

Après avoir passé quelques jours à Yokohama, nous entreprîmes le voyage de Yéddo. Depuis peu d'années seulement, les Européens sont admis à visiter cette capitale, aussi n'avons-nous pas manqué de profiter de cette latitude.

Pour y arriver sans encombre, il faut d'abord se munir d'un laissez-passer timbré de la chancellerie de sa légation, et contresigné par les autorités japonaises préposées à cet effet.

Après avoir rempli cette formalité, nous prîmes une petite voiture découverte qui devait nous conduire à Yeddo en quatre heures de marche. — Cette route qui longe constamment la mer, est charmante et très-pittoresque, mais ce qu'il y a de particulier, c'est qu'elle ne cesse pas d'être bordée de maisons dans toute son étendue.

Il semble que Yokohama et Yeddo ne forment qu'une seule ville de huit à dix lieues de long. Sur tout ce parcours, chaque objet était nouveau pour nous et attirait notre attention; en revanche, les habitants sortaient tous de leurs maisons et nous regardaient avec un étonnement non moins indicible.

Au sortir de Yokohama, on traverse d'abord un joli village appelé Kanagawa, placé sur une colline difficile à gravir, mais très-pittoresque.

A moitié chemin, se trouve une petite ville appelée

Kawasaki, laquelle marque la limite du territoire où les Européens peuvent circuler librement. Pour traverser la rivière qui la baigne, il faut présenter son laissez-passer aux *yaconines* qui vous barrent le chemin, et à partir de là, on ne marche plus sans une escorte de ces officiers.

Les Japonais gratifient les étrangers de cette garde, sous prétexte de leur faire honneur et de les défendre contre les tentatives d'assassinats, mais leur véritable but est de les surveiller et de les empêcher de s'immiscer dans leurs affaires.

Un bac nous transporta rapidement d'un bord à l'autre de la rivière de Kawasaki, et nous continuâmes notre voyage, escortés par quatre yaconines à cheval, qui ne nous quittaient pas plus que notre ombre. Nous suivions ainsi la délicieuse baie d'Yeddo, toujours distraits par la variété du spectacle qui se déroulait devant nos yeux, et admirant dans le lointain le pic neigeux et isolé du célèbre *Fousi-Ama*.

Chemin faisant, nous étions parfois arrêtés par des groupes de jeunes filles, roses et fraîches qui, avec une grâce parfaite, venaient nous offrir du thé dans de petites tasses de porcelaine transparente, sans vouloir accepter aucune rémunération. — Quelquefois aussi nous descendions dans une maison de thé, afin de nous y reposer quelques instants; aussitôt on nous faisait étendre sur des nattes blanches, et l'on nous servait du *châ*, c'est-à-dire du thé, puis du *saki* chaud et de petites gaufres croquantes vraiment exquises. Pendant ce temps une vingtaine de femmes, de treize à dix-huit ans, nous entouraient, chantaient en s'accompagnant d'une sorte de guitare appelée *Sam-Sinn*, et cherchaient à nous égayer par mille enfantillages d'une naïveté charmante.

De loin en loin, nous rencontrions des *norimons*, lé-

gers palanquins hermétiquement fermés, dans lesquels
on transportait des femmes de hautes conditions. Souvent en dépit des gardiens, elles s'efforçaient de regarder
les étrangers, à travers les jalousies de leurs fenêtres.

Nous avons aussi rencontré un *daïmio* en voyage,
spectacle assez curieux.

Ces grands seigneurs, dont la fortune et la position
correspondent à celles de nos anciens ducs, ne se dépla-
cent jamais sans emmener avec eux une partie de leur
maison militaire, leurs femmes, leurs domestiques et
une masse d'objets de toutes sortes. Aussi les voit-on de
loin, montés sur des chevaux richement caparaçonnés.
En avant, marche un détachement de lanciers, portant
fièrement des drapeaux marqués aux armes de leur maître ; puis viennent les membres de la famille, tous à
cheval, et ensuite les femmes enfermées dans des norimons de laque noire et or, une foule de serviteurs armés de parasols et d'éventails, puis l'interminable suite
des bagages portés dans des boîtes noires également en
laque et toutes d'égale grandeur.

Lorsque passe un de ces cortéges, les Japonais se pros-
ternent profondément et restent dans cette attitude jusqu'à ce qu'il ait entièrement disparu.

Quant aux Européens, ils ont appris plusieurs fois, aux
dépens de leur vie, ce qu'il en coûte de couper les rangs
d'un si auguste déménagement. C'est une injure qui ne
se pardonne pas.

Tout le monde se rappelle qu'au dix-septième siècle,
lorsque nos missionnaires se trouvaient à l'apogée de
leur crédit et même de leur puissance au Japon, un
évêque portugais s'avisa de forcer avec son équipage les
lignes d'un *daïmio*, et cet événement devint la cause de
l'extermination des chrétiens dans tout le pays.

Après quatre heures de cette route accidentée, nous arrivâmes en face d'une espèce d'arc de triomphe dont les traverses recourbées vers le ciel étaient garnies de coins en or massif. C'est une des portes de Yeddo. Néanmoins, il nous fallut encore marcher une bonne heure avant d'arriver au seul hôtel où l'on reçoive des Européens.

Cet établissement, que l'on venait d'inaugurer et qui était encore presque inhabité, appartient à une Société d'actionnaires dans laquelle on a eu l'habileté de faire entrer un bon nombre de Japonais, ce qui est une excellente garantie contre les incendies.

Cet hôtel est très-vaste, admirablement situé au bord de la mer et entouré d'un superbe jardin. Le service y est fait par des indigènes pleins de politesse et de bonne volonté, mais très-mauvais cuisiniers; on y trouve une quantité de chambres tapissées de nattes, de vraies chaises, de vrais lits et de véritables fenêtres avec carreaux de verres, toutes choses qui produisent un effet merveilleux sur les Japonais. Aussi, chaque jour en voit-on qui viennent par bandes, en partie de plaisir, réclamer la faveur de visiter les *todginnes*. Cette expression, dont les gamins saluent les Européens dans les rues, nous était d'abord fort désagréable, car nous supposions qu'elle était l'équivalent du *fan-kouaïe* des Chinois et signifiait : diables de barbares, mais nous avons appris depuis qu'elle voulait simplement dire : hommes de l'Occident.

La superficie de Yeddo est de quatre-vingt-cinq kilomètres carrés; aussi cette ville est-elle la plus grande du monde, et Londres lui-même y danserait plus aisément qu'on ne le fait dans les bals de Paris.

En effet, la fréquence des tremblements de terre ne permet pas aux Japonais de construire des maisons à

17

plusieurs étages, et ils sont obligés de leur donner par contre une grande étendue en superficie.

De plus, chaque famille, quelque pauvre qu'elle soit, occupe toujours une maison à elle seule, les Japonais ne pouvant s'expliquer que, chez nous, des gens qui ne se connaissent pas se décident à habiter des tiroirs placés les uns au-dessus des autres, quand il y a tant de place sous le soleil.

Les daïmios et les particuliers riches entourent leurs habitations de jardins et de dépendances souvent considérables. Enfin, des terrains immenses sont affectés aux palais qui servent de résidence au Taïcoun. Dans ces conditions, il faut une place énorme, même pour un nombre restreint d'habitants.

Or, comme, d'après les derniers recensements, la population de Yeddo est de trois millions d'âmes, on peut se faire une idée de l'étendue de cette ville, et l'on croira sans peine qu'aucune autre dans le monde entier ne peut lui être comparée sous ce rapport.

En vérité, je crois que Yeddo est plus grand que le Nippon tout entier !

Souvent, lorsque nous sortions à cheval ou en tilbury, pour visiter quelques monuments de la ville, on nous renseignait sur le chemin que nous devions suivre en nous disant : allez toujours tout droit pendant environ trois heures ; alors vous verrez une pagode de telle forme, vous ferez le tour de ses dépendances, vous passerez quatorze ponts, vous prendrez sur votre gauche et vous arriverez à une longue rue, au bout de laquelle tout le monde vous indiquera de suite votre route ! !

Dans ces expéditions, nous étions presque toujours escortés par des *yaconines*, qui nous faisaient respecter de la foule, et d'ailleurs nous allions trop vite pour en

être incommodés; mais, quand nous nous promenions à
pied dans les rues, une foule énorme nous suivait et
grossissait constamment. Différents des Chinois, les Japonais ne se montraient ni hostiles ni moqueurs; ils se
contentaient de nous regarder avec une scrupuleuse
attention, et se tenaient toujours derrière nous. Leur
nombre était parfois si grand qu'ils obstruaient complètement la rue, et souvent il nous aurait fallu attendre longtemps avant de pouvoir rebrousser chemin. Je crois que
nous avons eu jusqu'à deux mille personnes à nos trousses. Au bout de quelques jours nous y étions habitués;
mais nous n'avons jamais pu nous faire aux enfants qui
souvent nous poursuivaient, touchaient nos vêtements,
nous appelaient *totginnes* et nous passaient même
entre les jambes pour mieux nous voir.

Un jour que j'étais obsédé par une multitude de ces
petits importuns, j'eus recours à un moyen que je crus
souverain pour m'en débarrasser. Je m'arrêtai devant
une confiserie, en leur faisant comprendre que j'allais
leur faire faire une distribution tout à fait de leur goût.

Or, au Japon les bonbons se font avec du sucre soufflé
sur des fragments d'herbes aromatiques; il en résulte
qu'ils sont très-légers et prennent une place énorme;
pour un *tempo*, c'est-à-dire deux sous, une bergère
Louis XV en remplirait son tablier. J'avais remarqué
aussi que les confiseurs mettaient un temps interminable
à réunir leurs sucreries, ayant l'habitude de les puiser dans
une multitude de vases différents. En conséquence, je
priai un de ces industriels de m'en vendre pour la
somme fabuleuse de deux francs, lui enjoignant de les
distribuer un à un à tous les enfants qui nous entouraient; puis aussitôt nous partîmes en avant, certains
d'être abandonnés pour un appât si séduisant.

Hélas ! nôtre joie ne devait pas être de longue durée :
mes petits espiègles publièrent partout ma générosité,
de sorte qu'à partir de ce jour-là, nous n'avions qu'à
mettre le pied dehors pour en avoir autour de nous trois
fois plus qu'auparavant.

Les enfants japonais sont souvent ravissants. Autant
les hommes sont laids, autant les petits garçons de sept
à treize ans sont jolis. Leur peau est d'un blanc mat et
uni, leur chevelure superbe; enfin leurs grands yeux
noirs, vifs et intelligents leur donnent une physionomie
pleine d'expression.

Les Japonais ne portent pas comme les Chinois de
longues tresses sur le dos; ils se rasent le dessus de la
tête et ramènent sur le front une mèche solidement
gommée d'un effet fort étrange. — Le costume se compose d'un pantalon collant et d'une sorte de vareuse
très-ample, resserrée par une ceinture et ornée de manches flottantes d'une largeur invraisemblable. Ils n'em-
ploient généralement, pour leur habillement, que des couleurs foncées et marchent avec une gravité pleine de noblesse. Jamais personne n'a vu rire un Japonais ! —
Enfin, je ne dois pas omettre l'éventail traditionnel et le
parasol de papier huilé dont ils ne se séparent jamais.

Les femmes, elles, s'entortillent de la tête aux pieds
dans un *kimono*, pelisse plus ou moins doublée, dont les
revers sont rouges ou bleus, et qui est soutenue par une
énorme ceinture de soie cramoisie ou de quelque autre
couleur voyante.

Pour éviter la boue, elles marchent sur des espèces
de *cap-cap* de huit à dix centimètres de haut qui ressemblent à de vraies échasses.

Pour ne pas tomber, elles sont obligées de se pencher
en avant, ce qui donnerait à leurs bras une position

MOUZOUMÉS DE YEDDO

très-disgracieuse, si elles ne prenaient le soin de les retenir le long du corps en laissant pendre seulement les
mains. On voit que cette attitude, qui paraît singulière
sur un dessin, est cependant très-rationnelle, tandis que
les Parisiennes, qui l'imitaient sans s'en douter il y a
quelques années, étaient seules ridicules.

En aucun pays les femmes ne soignent autant leur
coiffure qu'au Japon. Les femmes les plus pauvres, et
même les filles que l'on rencontre dans les champs oc-
cupées aux travaux d'agriculture, sont coiffées avec plus
de soins que nos grandes élégantes lorsqu'elles se rendent au bal. Assurément, elles ne portent ni plumes ni
diamants, mais leur abondante chevelure noire est
peignée avec un art infini et si bien fixée, que pas un
cheveu ne dépasse l'autre. Le chignon, élégamment roulé,
est placé très-haut, et enfin les pointes des mèches de
devant sont réunies sous la forme de deux petits crois-
sants solidement gommés, qui viennent mourir sur le
front. Quelquefois aussi un beau camélia rouge, gracieusement posé, relève par son éclat ce petit échafau-
dage.

Je n'ai vu en aucune partie de l'Asie des femmes
aussi jolies et aussi bien faites que les Japonaises. On
croit généralement en Europe que les Indoues sont fort
belles, parce que plusieurs poëtes ont chanté les charmes
des bayadères sans les avoir vues ; mais en réalité, elles
sont presque toutes maigres, noires et horribles. Je n'ai
vu que deux femmes vraiment jolies dans toute l'Inde,
tandis qu'au Japon l'on ne peut faire un pas sans en rencontrer qui seraient remarquées en tous pays.

A la vérité, leurs yeux sont un peu obliques, mais ils
ne sont pas bridés comme ceux des Chinoises, et cette
disposition, à laquelle nous ne sommes pas habitués, n'a

rien de désagréable. Puis quelle fraîcheur, quel incarnat incomparable ! La bouche est extrêmement petite, la peau blanche et satinée ; enfin, le corps est moulé comme celui d'une Vénus.

D'ailleurs, il est facile de juger de leurs formes, cr chaque jour on peut voir à son aise des milliers de femmes entièrement nues.

En effet, les Japonais et surtout les Japonaises ont coutume de prendre *tous les jours* des bains, dans des établissements publics disposés à peu près comme les bains turcs. Dans chaque rue il s'en trouve au moins cinq ou six. Ils ne sont séparés du trottoir que par de simples grilles de bois qui permettent à la vapeur de sortir, de sorte que les promeneurs voient librement ce qui se passe à l'intérieur.

Or, les hommes, les femmes et les jeunes filles, au nombre d'une centaine, s'y baignent ensemble sans aucun costume, et personne ne paraît y attacher la moindre importance. Souvent même l'une des baigneuses vient jusque dans la rue et cause avec ses amis avant de s'être rhabillée.

De même que les Grecs, les Japonais trouvent qu'il y a de l'innocence à se laisser voir ainsi que Dieu vous a fait, et que la perversité des Européens y ajoute seule une idée déshonnête.

D'ailleurs, la pudeur est une vertu relative et non pas naturelle, car elle est différente suivant les pays. Les Japonais sont très-choqués en apprenant que les Européennes se décollètent en public ; celles-ci s'étonnent des usages japonais ; il est des Géorgiennes qui entortillent décemment leurs cheveux dans des toiles grossières, tandis que leurs jambes et leurs seins sont nus ; enfin, les femmes arabes, étendues au soleil, laissent voir au premier venu ce que les autres tiennent à cacher, pourvu que leur visage soit hermétiquement couvert.

Voici à ce sujet une anecdote assez curieuse, qui m'a été contée par M. de Siebold, secrétaire de la légation d'Angleterre au Japon. Comme il sait fort bien le japonais, il avait été chargé, il y a quelques années, d'accompagner le frère du Taïcoun dans son voyage en Europe. Chemin faisant, Son Altesse s'est arrêtée à Saïgon, et le gouverneur n'a pas manqué de lui donner un bal, auquel naturellement les dames sont venues décolletées. Or, le jeune prince, fort étonné d'un pareil usage, crut qu'on lui manquait de respect et en exprima son mécontentement à son interprète. Mais celui-ci eut la présence d'esprit de lui répondre : « C'est pour faire honneur à Votre Altesse que ces dames se sont costumées de la sorte, car plus les soirées sont cérémonieuses, plus elles doivent se décolleter. » — « Ah ! répliqua le prince, lorsqu'elles paraissent devant l'empereur, elles se déshabillent donc tout à fait ? »

Pour en revenir aux Japonaises, ce qu'elles ont de beaucoup plus remarquable que leur beauté, c'est leur amabilité et la grâce enfantine dénuée de prétention qui leur donne un charme extrême. Elevées comme des enfants, elles en ont le caractère et tout le naturel, puis elles sont avenantes, polies, toujours gaies, souriantes, pleines de gentillesse et de l'humeur la plus facile. N'ayant absolument rien à faire et jouissant d'une liberté complète, lorsqu'elles ont pris leur bain, elles s'en vont, trottinant dans les rues avec leurs petits cap-cap, les lèvres recouvertes de *béni*, espèce de carmin mêlé de poudre d'or, d'un effet ravissant.

Si l'une d'elles rencontre un étranger, elle lui dit en souriant : « *Dana ohayo :* Bonjour, maître. *Doko maro*

maro : Où allez-vous ? » et pour peu qu'on lui dise sotte-
ment, n'ayant pas d'autres phrases à sa disposition :
« *Ata taïsan iérossi* : Vous êtes charmante ! » la voilà
enchantée, et elle vous suivra jusqu'au bout de votre promenade, se faisant un plaisir de vous montrer le chemin,
vous prêtant ou même vous donnant volontiers sa lanterne si la nuit commence à rendre la route difficile.

Femme, se dit *mouzoumé* en japonais, et ce nom est
aussi agréable à l'oreille que l'objet qu'il représente est
agréable à voir.

Les mouzoumés sont d'une politesse extrême avec les
hommes et ne leur adressent la parole qu'en les appelant
Dana, maître, en signe de respect, lors même qu'elles
les voient pour la première fois. En revanche, les
hommes n'ont aucune considération pour elles et les
traitent non pas en esclaves, mais en enfants. Un Japonais
voulant parler à l'une de ses parentes ou à quelque autre
femme, ne la salue pas et lui dit d'un ton bref :
« *Mouzoumé, ata coutchera* : Femme, arrive ici ! »

Cependant le Japon passe pour être le pays de la politesse par excellence, et les hommes s'y prodiguent sans
cesse entre eux des salutations interminables. Aussi, ne
comprennent-ils pas que les Européens réservent leur
affabilité pour les femmes. Vous n'êtes pas logiques,
disent-ils : « Si vous trouvez vos femmes supérieures à
vous, donnez-leur le gouvernement de leur famille,
l'administration de leur fortune et la direction des affaires
de l'État, sinon, rendez les honneurs à ceux qui ont toutes
ces choses. »

Si l'on excepte cette anomalie, on ne peut s'empêcher de reconnaître que les Japonais sont les hommes les plus polis de l'univers. M. de Frayssinet dit avec
raison, dans son ouvrage sur le Japon : « Les simples

artisans et les laboureurs observent si exactement entre eux les devoirs de la civilité, qu'on les dirait élevés à la cour. »

Ce qui, au premier abord, frappe les étrangers à Yeddo, c'est qu'il semble qu'il n'y ait que des jeunes femmes et des jeunes filles dans la ville ; on n'y rencontre, en effet, que très-rarement des femmes âgées. Ceci s'explique par la différence qui existe entre les mœurs des unes et des autres, différence qui est la contre-partie de ce qui se passe chez nous.

Au Japon, les jeunes filles usent d'une liberté sans limite et vivent à leur guise jusqu'au moment de leur mariage ; souvent même, un Japonais donnera la préférence à celle qui lui apportera en dot une petite famille. Je me suis laissé dire aussi — mais sans y ajouter une foi absolue — que certains originaux considèrent d'autant plus une jeune fille qu'elle a eu plus d'amants, sous prétexte qu'elle doit posséder des qualités de premier ordre, pour être si courue. Quant à celles qui restent sages, ils se disent : Voilà des filles dont personne ne veut, et se gardent de les épouser.

Toutefois, à partir de son mariage, tout change, la gentille mouzoumé se transforme comme un papillon qui aurait perdu ses ailes. Il semble qu'elle se rende laide à plaisir ; elle se noircit les dents avec de l'oxyde de fer, se rase les sourcils, ne s'occupe que du soin de son ménage et ne sort que pour affaires.

Enfin, lorsqu'elle est devenue vieille, elle ne quitte plus la maison, fait la cuisine et fume accroupie derrière un paravent, en songeant à la vanité des choses de ce monde. Voilà du moins comment on m'a expliqué la jeunesse éternelle des femmes qui animent les rues de Yeddo.

Souvent une mouzoumé vous offre de venir prendre le
thé chez elle. Aussitôt qu'elle est dans son intérieur, l'agitation et les allures dégagées qu'elle affectait dans la rue,
font place à une immobilité fort singulière à observer.
Elle s'asseoit sur une natte à côté d'un petit trépied sur
lequel se trouve un service à thé microscopique, un flacon de saki, une jolie petite pipe et une provision de
tabac blond et chevelu comme le latakié.

Dès-lors, elle restera là pendant cinq ou six heures sans
remuer autrement que pour fumer sa pipe qui ne contient qu'une pincée de tabac et qu'elle est obligée de re-
bourrer sans cesse.

Les maisons japonaises sont presque toutes construites
en bois ; elles sont ainsi mieux garanties contre les tremblements de terre et plus faciles à reconstruire en cas
d'incendie. Mais ce qui leur donne un caractère tout à fait
particulier, ce sont leurs fenêtres. Celles-ci se composent de légers châssis garnis de feuilles de papier huilé
qui laisse pénétrer la lumière sans cependant permettre aux regards indiscrets de voir ce qui se passe au
dedans.

Toutefois, comme cette transparence est naturellement
moins grande que celle du verre, on rachète ce défaut
en donnant aux fenêtres beaucoup plus de largeur qu'aux
nôtres ; de la sorte les appartements japonais sont aussi
clairs que ceux de Paris, et même la lumière, s'y ré-
pandant plus également, est plus agréable à la vue.

Le soir, ces maisons pour ainsi dire tout en fenêtres,
ressemblent à de grosses lanternes blanches d'un effet
charmant. A l'intérieur, les maisons les plus riches sont
entièrement dénuées de meubles : pas de lits, pas de
chaises, pas de tables, rien que des nattes et de nom-

breux paravents que l'on dispose suivant les circonstances.

Les Japonais se couchent par terre, enveloppés dans
d'immenses robes de chambre ouatées, et s'appuient la
tête sur un espèce de chevalet qui a la forme d'un fer à
repasser dont la poignée de cuir représenterait la partie
la plus moëlleuse.

CHAPITRE XIX

Il y a dans Yeddo un immense quartier appelé le *Yo-
chiwara*, formant à lui seul une véritable ville et exclusivement affecté à deux sortes d'établissements qu'il
ne faut pas confondre; ce sont les *djoro djass* et les
tcha djass, ou maisons de thé.

Le djoro djass se compose d'un grand salon séparé de
la rue par une grille en bois, qui permet de voir les personnes qui s'y trouvent comme on voit des bêtes féroces
dans leurs cages. De grosses lanternes blanches et noires
donnent une lumière blafarde. Parallèlement à la grille,
huit ou dix femmes sont assises à égale distance les unes

des autres; chacune a près d'elle son indispensable plateau de thé, son tabac et tous ses petits ustensiles. Elles
sont toutes revêtues de superbes *kimonos* de soie richement brodés et de ceintures aux couleurs éclatantes; enfin
leurs coiffures, plus soignées que jamais, sont traversées
par une douzaine de flèches d'ambre de deux pieds de
longueur. Dans cet attirail, elles restent muettes, immobiles et passives, exposées aux regards de tous les
passants et à la disposition de quiconque veut les voir de
plus près.

Un fait curieux à signaler, c'est qu'au Japon, la pro-
stitution ne déshonore nullement, de sorte qu'une fille
qui a vécu plusieurs années dans un *djoro djass*, peut
se marier aussi bien qu'auparavant, et même mieux,
grâce à l'argent qu'elle a pu mettre de côté.

D'ailleurs, il n'est que juste de ne pas faire retomber la
responsabilité de leur triste situation sur les pauvres filles
qui en sont victimes, car on ne les a pas consultées pour
la leur donner. Leurs parents, ou ceux qui se sont chargés
de les entretenir, ont disposé d'elles à leur gré, et il leur a
fallu en passer par toutes leurs volontés pour payer
l'hospitalité et les soins qu'elles ont reçus.

Quant aux *tchá djass*, au maisons de thé, ce sont des
établissements essentiellement japonais que l'on ne
trouve nulle part ailleurs et qui n'ont rien de commun
avec les *djoro djass*. Ils ont quelque rapport avec nos
cafés chantants. Tout le monde y va, et c'est même le
seul endroit où l'on puisse agréablement passer la soirée;
aussi Japonais et Européens s'y rendent-ils presque tous
les soirs.

Généralement on y vient en bande de cinq ou six personnes; on loue un salon, et l'on choisit un pareil nombre
de femmes pour vous donner le spectacle d'une *djonn-*

PAVILLON DU TEMPLE D'OSAXA, A YEDDO

quina, danse nationale qui a quelque ressemblance avec celle de l'abeille.

Avant de la décrire, il est très-important de bien faire comprendre quelle est la condition des femmes qui l'exécutent, car si on les confondait avec les *djoras* dont j'ai parlé plus haut, elles perdraient tout leur charme aux yeux du lecteur.

Ces petites actrices sont des jeunes filles de quatorze à dix-huit ans, appartenant souvent à de très honnêtes familles qui, ayant plus d'enfants que de fortune, les ont mises dans une *tchâ djass*, afin de ne pas avoir à les entretenir et d'en tirer au contraire un revenu de cent à deux cents francs par an. Là, pour leur former l'esprit et le cœur, on leur apprend à préparer le thé, à faire des bonbons, on leur enseigne la musique, la danse, l'art de jouer du *Sam-Sinn* et surtout celui de faire *djonnkina*; en un mot on les dresse aux belles manières, et l'on ne néglige rien de ce qui peut les rendre séduisantes aux yeux des Japonais. Une fois instruites de la sorte, leurs maîtres en font à leur gré des *ghékos*, chanteuses, ou des *o-douris*, danseuses. Dès lors, elles deviendront le *plaisir des yeux* et les *délices des oreilles* du public; elles accorderont même de petites faveurs à ceux qui s'en montreront dignes par leurs prévenances et leur politesse; toutefois elles ne devront jamais dépasser la limite qui les ferait descendre dans la catégorie des *djoras*. D'ailleurs, leurs maîtres sont doublement intéressés à la conservation de leur vertu, d'abord vis-à-vis du public et ensuite vis-à-vis de leurs parents auxquels ils doivent les rendre après un certain nombre d'années stipulé d'avance.

Ce qu'il y a de plus singulier et de plus triste au point de vue moral, c'est de voir dans les *tchâ djass* des petites filles de dix à treize ans amenées là, par leurs parents, pour y faire leur éducation. Elles ne savent pas encore danser et ne figurent pas directement dans les soirées, mais elles regardent de tous leurs yeux ce que font les plus grandes, afin de pouvoir un jour les imiter.

Voici maintenant en quoi consiste la *djonnkina* : A peine installés dans le salon que l'on a loué, on apporte les plateaux de thé, le *saki* (vin chaud), les sucreries et les pipes; puis les mouzoumés se mêlant aux spectateurs commencent à chanter d'une voix monotone et mélancolique, en s'accompagnant du *sam-sinn*, guitare au long manche dont elles jouent très-bien.

Lorsque les esprits, échauffés par le saki, ont répandu une certaine gaieté dans l'assemblée, deux *o-douris* se lèvent et se placent l'une en face de l'autre. Elles chantent d'abord lentement, puis s'animent de plus en plus en piétinant comme des Auvergnats et en gesticulant de façon à ne laisser aucun doute sur la nature des sentiments qu'elles veulent exprimer. En outre, elles se frappent les mains périodiquement en suivant certaines règles convenues. Lorsque l'une se trompe, elle donne pour gage une partie de ses vêtements et continue de plus belle. C'est ainsi qu'elle ôte d'abord sa ceinture, puis retire chacune de ses manches, le kimono disparaît à son tour et ainsi du reste, jusqu'à ce qu'il soit impossible d'en retirer davantage.

Tout ceci se fait aux chants et aux cris des spectateurs qui, sous l'influence de cette vertigineuse bacchanale et surtout de l'enivrant saki, finissent par se griser complétement. Souvent alors, les Européens perdent toute retenue, et se livrent à la fin de ces djonnkinas aux pantomimes les plus fantastiques. Ce sont des culbutes, des farces de toutes sortes et un tapage épouvantable. Les

INTÉRIEUR D'UNE TCHA-DJASS, À YEDDO

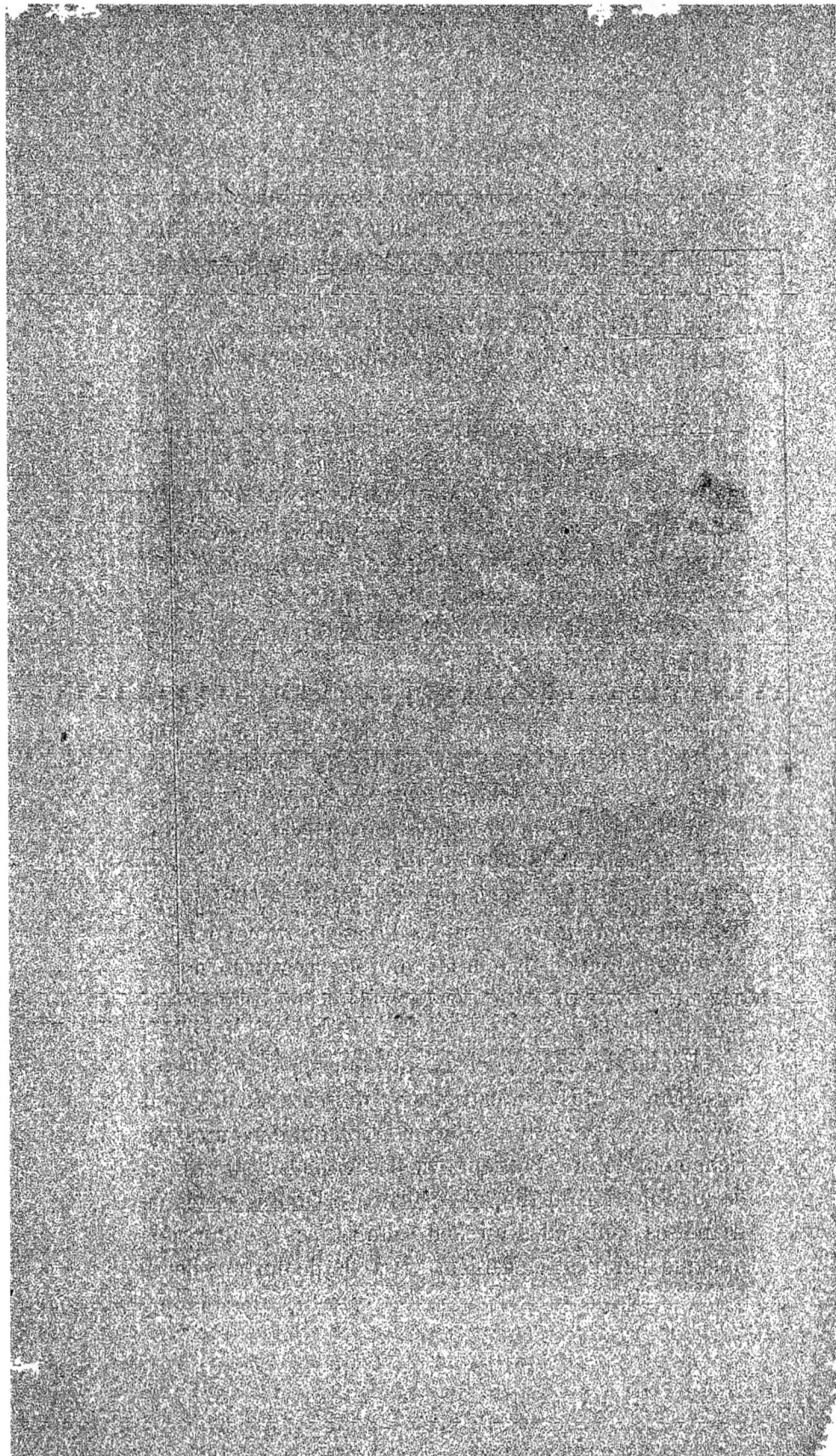

uns, les jambes en l'air, font le poirier au milieu du salon, d'autres étudient le moulinet avec un *sam-sinn* ou enlèvent une mouzoumé à bras tendu ; enfin c'est un vrai délire.

Cependant, il faut se défier de ce moment, car le terrible saki a une influence toute différente sur les Japonais.

Un grand nombre d'officiers et autres *gentlemen* japonais se réunissent chaque soir au *iochiwara*, et lorsqu'ils ont pris une certaine quantité de saki, ils deviennent absolument féroces et ne parlent plus que de couper la tête à tous les Européens. Aussi quand l'un d'eux pénètre dans l'enceinte de ce quartier, des *Yaconines* intelligents sont chargés de les escorter et de les protéger en cas de besoin.

Le *Taïcoun* évite autant qu'il peut l'assassinat des Européens, mais il ne faut pas se faire d'illusion, cette extrême sollicitude tient à ce qu'il ne se soucie pas de payer trop souvent l'énorme indemnité qu'on lui réclame en pareil cas. Il y a des gens sans délicatesse qui seraient capables de se faire assassiner pour faire fortune !

Les Japonais ne voient pas avec plaisir les Européens dans leurs *tchâ djass*, aussi les directeurs de ces établissements cherchent-ils tous les moyens possibles de les dégoûter d'y venir, sans oser cependant leur refuser carrément la porte.

Voici le procédé ingénieux qui leur réussit le mieux : lorsqu'un de nos compatriotes se présente, on le reçoit avec une exquise politesse, et on le conduit dans un salon richement décoré. Plusieurs vieilles femmes s'empressent de lui apporter du thé, des gâteaux, et toutes sortes de friandises, puis elles lui font admirer les peintures de quelque paravent et gardent vis-à-vis de lui un silence

18

respectueux. L'étranger ennuyé demande alors où sont
les *O-douris ? Mouzoumé né*, lui répond-on, ce qui
correspond au *mafich* des Arabes. S'il se promène dans
la maison, il ne rencontre personne, car de tous côtés
on a fait le vide autour de lui. A la fin, lassé, il s'en va
et se garde de revenir dans un endroit où il a trouvé si
peu d'agréments.

Presque tous les hommes de condition libre exercent
au Japon la profession militaire, aussi portent-ils toujours
de grands sabres en travers de leurs ceintures. Les
yaconines se contentent du sabre à deux mains appelé
katana, mais les *samouraïes*, officiers supérieurs, y
adjoignent le *oua-kidach;* c'est celui dont ils se servent pour s'ouvrir le ventre lorsqu'un déshonneur, qu'ils
ne peuvent éviter, les forcent au *hara-kiri*. Rien n'égale
la trempe de ces armes, dont ils se servent d'ailleurs avec
une merveilleuse adresse.

La lame est en fer et le tranchant seul en acier, de
sorte que les sabres, ainsi fabriqués, coupent comme
des rasoirs tout en conservant l'élasticité du fer. Lorsqu'on les frappe contre les meilleurs sabres anglais,
ceux-ci sont toujours ébréchés et souvent brisés.

Les Japonais ont aussi de superbes armures, laquées
et dorées avec le plus grand soin, dont j'ai rapporté de
curieux spécimens; mais ils sont loin de se contenter de
toutes ces armes antiques. Aussitôt qu'ils ont connu les
nouveaux fusils, ils ont voulu en armer leurs nombreux
soldats ; seulement, ne sachant auxquels donner la préférence, ils ont fait venir à la fois des carabines Remington des États-Unis, des chassepots de France et des
fusils à aiguille de Prusse. Ils ont, en outre, une foule de
canons et des fortifications établies suivant toutes les
règles de l'art. Le port de Yeddo notamment est un des

mieux défendus que je connaisse. Le peu de profondeur de la mer empêche les vaisseaux d'un fort tonnage d'y pénétrer, et plusieurs forts à fleur d'eau protègent par leurs feux croisés les approches de la ville.

Les Japonais, naturellement belliqueux, sont d'ailleurs très-portés à s'exagérer le sentiment de leur force, aussi sont-ils des plus arrogants envers les étrangers.

Les rares Européens qui s'aventurent dans Yeddo ont l'habitude de porter en évidence un gros révolver ; mais cette arme fait sourire de pitié les *samouraïes*, qui certes leur feraient voler la tête avant qu'ils aient eu le temps d'ajuster.

Je crois pouvoir affirmer, par expérience, que l'on peut se promener sans grand danger dans les rues d'Yeddo, à la condition d'y mettre un peu de prudence et d'éviter surtout très-soigneusement les officiers ivres, car, dans cet état, ils oublient les ordres sévères de leurs chefs et pourfendent un *todjinne* avec amour. Ils s'amusent souvent encore à faire des exercices d'escrime sur les malheureux chiens qu'ils rencontrent en se promenant; aussi tous ceux qui survivent ont-ils des entailles béantes ou des cicatrices atroces.

Pour eux, le comble de l'art, la suprême joie, consiste à vous couper un chien en deux d'un seul coup de *katana*, de façon à ce que la tête et les pattes de devant tombent d'un côté et le reste de l'autre. Il en résulte que ces pauvres animaux, qui ne goûtent pas du tout ce genre de plaisanterie, ont contracté une défiance assez justifiée contre les hommes en général, et se sauvent en hurlant aussitôt qu'on les approche, absolument comme les *chollas* péruviennes.

Pour ma part, je faillis aussi être coupé en deux comme un simple chien. Voici à quelle occasion : Un

jour que je me promenais à cheval dans Yeddo, je ren-
contrai un *daïmio* dont les gardes remplissaient les trois
quarts de la chaussée ; je m'empressai de leur faire place
et tombai trois pas plus loin sur un *samouraïe* qui
par hasard marchait à pied, suivi d'une douzaine de serviteurs. Impossible de m'arrêter à temps et le voilà
obligé de reculer précipitamment. Aussitôt, il me regarde
avec des yeux flamboyants et porte *les mains* à son sabre avec la rapidité de l'éclair. Je m'empare de mon révolver, tout en sentant quelle serait son inutilité en cas
d'attaque ; mais le trot de mon cheval nous sépare, mon
officier se contente de sa bonne volonté, et je continue
ma route, n'ayant aucune bonne raison de m'attarder
davantage.

Je m'applaudis fort de ne pas avoir suivi le conseil
qu'on nous avait donné pour de pareilles circonstances.
« Aussitôt, nous disait-on, qu'un Japonais touche son
katana, prévenez-le en faisant à l'instant feu sur lui,
autrement vous aurez la tête coupée avant d'avoir vu la
lame sortir du fourreau. » Il paraît, en effet, qu'un samouraïe est déshonoré s'il tire son sabre sans le tremper
dans le sang. Si j'avais été à pied, peut-être eussé-je été
forcé de me défendre ainsi, en attaquant, mais par
bonheur mon cheval me dispensa de ce triste expédient.

Parmi les personnages que l'on rencontre à Yeddo, je
ne dois pas oublier les bonzes, que l'on reconnaît facilement à leur tête complètement rasée, ainsi qu'au chapelet qu'ils manient sans cesse. Yeddo renferme le
nombre prodigieux de quatorze cents temples, presque
tous bouddhistes, aussi le nombre des bonzes est-il
énorme.

On sait que les Japonais, gens sérieux, intelligents,
philosophes, n'ont de parti pris contre aucune religion, et

ont étudié de bonne foi celles qu'on est venu leur enseigner dans tous les temps. Aussi, les gens du peuple, séduits par l'élévation des doctrines chrétiennes, se sont-ils convertis par milliers à l'époque de saint François-Xavier, mais les lettrés sont toujours plus récalcitrants.

Aujourd'hui encore, nous disait un missionnaire qui les avait fréquentés pendant de longues années, lorsque nous avons une conversation avec quelque bonze instruit, il nous écoute avec la plus grande attention, nous laisse parler plusieurs heures, approuve tout ce que nous disons, puis *répond invariablement* : « Tout cela est très-juste et fort beau, cette morale est magnifique ; seulement, nous la connaissons depuis trois mille ans. »

— Comment cela ?

— Lisez nos livres.

Une des plus belles pagodes de Yeddo est celle d'*Osaxa*. Elle se compose d'une foule de bâtiments jetés au hasard dans un vaste parc aux arbres séculaires. Ce sont des portiques immenses, des kiosques, des tours à cinq toits superposés d'étage en étage, ornés de clochettes qui tintent au moindre vent ; des lions de granit, des animaux monstrueux ; enfin, au centre s'élève le temple principal, recouvert d'un énorme toit aux tuiles vertes et vernissées. L'intérieur est entièrement doré, revêtu d'inscriptions morales, et renferme des autels et des idoles semblables à celles que l'on voit dans les temples chinois.

Le temple d'*Yoyéno* passait autrefois pour le plus ancien et le plus beau du Japon ; malheureusement il a été en partie détruit lors de l'insurrection et de la guerre civile fomentée par le prince de Satsouma.

Nous avons visité avec beaucoup d'intérêt ce qui en subsiste encore, et j'ai eu le bonheur de pouvoir me procurer la lampe de bronze qui brûlait devant la grande idole ; c'est une des antiquités les plus précieuses du monde.

La plupart des pagodes japonaises sont placées sur une élévation que l'on gravit au moyen d'un magnifique escalier de pierre assez semblable à celui de notre Trocadéro, mais entourée d'arbres au noir feuillage, d'un aspect grandiose.

Les abords des temples sont abandonnés au peuple et constituent une foire perpétuelle. Chacun profite de la foule qu'attire l'autre. C'est là que l'on admire les saltimbanques les plus extraordinaires, les acrobates faisant les tours qui ont eu tant de succès à Paris et à Londres : l'échelle de bambou, les tonneaux, les papillons, le spectre traversant une fenêtre de papier en équilibre sur les jambes d'un hercule et autres choses de ce genre.

Puis des figures de cire semblables à celles du *Musée Tusaud*, seulement dont les physionomies sont mobiles et produisent l'effet le plus saisissant.

Plus loin se trouvent mille échoppes où l'on vend toutes sortes de fritures et de sucreries. Ici, un effroyable *gong* annonce les exercices surprenants des jongleurs ; là des musiciens ambulants font un charivari infernal, ou bien des *mouzoumés*, revêtues de chapeaux de paille plats et larges comme des galettes se promènent en jouant du *sam-sinn*.

C'est là que l'on peut étudier le peuple dans toute sa naïveté ; c'est là qu'affluent les mendiants et que circulent les longues files d'aveugles. Ceux-ci, en effet, s'associent par bandes et prennent pour chef un borgne ou quelque manchot ; chacun se courbe sur un bâton, s'accroche aux vêtements de celui qui le précède, et ils forment ainsi des processions de douze ou quinze personnes qui se faufilent comme d'horribles serpents à travers les groupes.

Quelques-uns de ces aveugles, moins misérables et convenablement vêtus, se promènent seuls en annonçant leur passage au moyen d'un lugubre sifflet : ce sont des masseurs dont la profession est de savonner énergiquement les mouzoumés dans leurs bains, surtout celles dont les maris sont jaloux.

Le plus splendide monument du Japon est le tombeau des *Taïcouns*. Les *todjinnes* n'y sont reçus que sur la présentation d'un permis assez difficile à obtenir. Il se compose de plusieurs pagodes entièrement construites en bois sculpté et doré, d'une richesse et d'un cachet merveilleux. On y arrive en traversant un immense parc entremêlé de vases de bronze d'un travail exquis, d'arcs de triomphe, de clochers, de statues aux formes étranges, d'avenues de dragons et de lanternes de pierres transparentes qui doivent être la nuit d'un effet charmant. Certes, les monuments de marbre que l'on voit aux Indes sont ce qu'il y a de plus magnifique au point de vue architectural, mais le tombeau des *Taïcouns* est ce que j'ai vu de plus riche, de plus éblouissant et de plus extraordinaire.

Les daïmios et autres grands seigneurs japonais, habitent dans Yeddo un quartier spécial correspondant à notre faubourg Saint-Germain ; seulement chacun d'eux possède un hôtel immense où il loge des centaines de chevaux et jusqu'à trois ou quatre mille soldats qui leur appartiennent en propre. Ces habitations ne se traduisent au dehors que par de longs murs noirs de l'aspect le plus triste. Aucun todjinne n'y est jamais reçu, ceux-ci étant toujours considérés comme des barbares d'une espèce inférieure.

Quant au palais du Taïcoun, il est, avec ses énormes
dépendances, enfermé dans une île gardée comme le
jardin des Hespérides, et ne laisse apercevoir qu'un
kiosque et les sommets de quelques tours placées près
des extrémités des parcs qui l'enveloppent.

Souvent nous faisions dans Yeddo de longues promenades à pied, afin d'examiner les magasins et les véritables musées qu'ils renferment. Nous y avons acheté des
bronzes, des ivoires sculptés, des laques, des étoffes de
soie brochées et mille curiosités de ce genre; mais je
crois inutile de détailler ici les divers produits de l'industrie japonaise, chacun ayant pu les admirer dans
toutes les parties du monde.

Lorsque les Japonais veulent marchander quelque objet,
la coutume les oblige à laisser leurs chaussures à la porte,
de sorte que les Européens qui ne veulent pas se soumet-
tre à cette exigence, ont l'humiliation d'être relégués sur
le seuil de l'entrée ou dans le ruisseau voisin, ainsi que les
pauvres, les gueux et autres gens dont on se défie.

Toutes les transactions se font au moyen d'une monnaie fort curieuse. L'unité est l'*itchibou*, pièce rectangulaire en argent et valant 1 fr. 60 c. L'*itchi* est quatre
fois plus petit et vaut 40 c.; enfin le *tempo* est en bronze
très-dur et vaut 10 c. Ces dernières pièces ont la forme
ovale et sont percées d'un trou au centre afin de permettre de les réunir par séries. Quant aux pièces d'or, il est
défendu, sous peine de mort, aux Japonais de s'en servir
avec les étrangers. Leur valeur intrinsèque en Europe étant
plus grande que leur valeur monétaire au Japon, il en résulte que plusieurs industriels faisaient avant cette prohi-
bition des fortunes colossales en achetant une quantité
de pièces d'or au Japon et en les revendant en Europe.

Lorsque nous sortions sans interprète, nous parvenions

à nous tirer d'affaire au moyen de quelques centaines de mots choisis que nous avions appris par cœur.

On dit qu'il faut au moins sept années d'études pour apprendre le japonais, car c'est une langue très-riche et très-savante; mais il serait facile de se faire comprendre suffisamment en apprenant deux ou trois mille mots, choisis d'une manière intelligente. Le japonais est la langue la plus harmonieuse que je connaisse; elle a toute la douceur de l'espagnol sans en avoir les *jotas* qui le rendent parfois si rauque.

Autant le chinois est désagréable à entendre, autant le japonais est doux et gracieux à l'oreille. On en jugera par les mots suivants :

Konitchi......	aujourd'hui.	Mina-mina........	tout.
Mionitchi.....	demain.	Katana...........	grand sabre.
Todaïma......	de suite.	Oua Kidach.......	petit sabre.
Mouzoumé....	femme.	Dana.............	maître.
Sam-Sinn.....	guitare.	Djigui-djigui.....	vite.
Yaconine.....	officier.	Itaïe !...........	exclamation de
Samouraïe....	officier supérieur.		douleur.
Daïmio.......	noble.	Atama...........	la tête.
Milkado.......	empereur.	Mami...........	les sourcils.
Taïcoun......	gouverneur général.	Mimi...........	les oreilles.
Ikorah.......	combien?	Ana.............	le nez.
Ariato........	merci.	Mé	les yeux.
Kimono.......	vêtement.	Keutchi.........	la bouche.
Itchi-bann....	première qualité.	Tchi-tchi........	les seins.
Ohaïo........	bonjour.	Hana............	une fleur.
Sayonara......	bonsoir.	Tchisaïe.........	petit, étroit.
Iérossi........	joli.	Peké............	allez vous-en.
Néro-Néro	dormir.	Sami............	il fait froid.
Maro-Maro ...	aller.	Maté maté........	attendez.
Nani?........	quoi?	Atchadé arismaka?.	Y a-t-il du thé?
Coutchéra.....	ici.	Arimassène.......	Il n'y en a pas.

Je n'ai pas la prétention d'avoir donné ici une description de Yeddo, mais j'ai essayé de peindre ce qui frappe le voyageur au premier aspect, et ce qui lui est possible de voir en quelques semaines.

Un ouvrage de la nature de celui-ci ne comporte pas un exposé de la situation politique du Japon; je rappellerai seulement quel est le mode de gouvernement de ce pays.

On a dit souvent que le *Mikado* était un chef spirituel analogue à notre pape, et le *Taïcoun* un souverain temporel. Je crois qu'on doit plutôt les comparer aux derniers rois carlovingiens et aux maires du palais.

Les Mikados gouvernaient autrefois le Japon en qualité d'empereurs; mais à la fin du seizième siècle, ils se sont laissés persuader que leur dignité ne leur permettait pas de s'occuper des misérables affaires de ce monde, et ils ont abandonné tout le pouvoir aux Taïcouns qui exerçaient les fonctions de lieutenants-généraux. Ceux-ci reléguèrent peu à peu les Mikados sur un piédestal ou plutôt dans la prison de *Miako* et s'emparèrent exclusivement du gouvernement.

Cet état de choses durait encore dans ces dernières années, lorsque le prince de *Satsouma*, le plus puissant des daïmios, fit une révolution pour rétablir la suprématie réelle du Mikado.

Aujourd'hui le Taïcoun n'occupe plus que le second rang, et son pouvoir ne s'étend pas au-delà de Yeddo.

Peut-être le drapeau légitimiste, qu'arbore le prince de Satsouma, cache-t-il dans ses plis son ambition personnelle et veut-il lui-même remplacer le Taïcoun sous un autre nom : voilà ce que l'avenir nous apprendra.

Ne voulant pas quitter le Japon, sans faire une belle excursion dans les environs, tout le monde nous conseilla d'aller voir la fameuse statue du *Daïbouts*, l'un des monuments les plus singuliers du pays. Nous louâmes donc deux chevaux et l'on nous gratifia en plus d'un *bétto* qui devait servir de guide et de palefrenier.

PAYSAGE JAPONAIS

Les *béttos*, entièrement nus, afin de pouvoir mieux
courir, sont choisis parmi les hommes les plus robustes;
car, quelle que soit l'allure que l'on prenne, ils doivent
toujours vous suivre. Quand on va au pas, ils vous
précèdent, et vous rattrapent rapidement malgré un
temps de galop. Que l'on voyage toute la journée sans
relâche ou que l'on arrête souvent, vous n'avez à vous
occuper de rien, le *bétto* est toujours là, nourrit ses
chevaux dans les moments perdus, et se trouve prêt
comme par enchantement, chaque fois qu'il vous convient de repartir.

C'est ainsi que nous avons parcouru les ravissantes
campagnes qui environnent Yeddo. Jamais, en aucun
pays, je n'ai vu d'aussi riants paysages ; c'est un jardin
féerique, et il paraît que tout le Japon est de même.
Tantôt nous longions des champs admirablement cultivés
ou traversions des rizières sur de légers ponts de rotins;
tantôt nous suivions de longues allées d'arbres touffus.
Çà et là, s'élevaient de gracieuses fermes, tenues avec
une propreté extrême et situées sur le bord de petits
étangs, dans lesquels se reflétaient des bouquets de bambous.

Partout des genêts embaumaient l'air et des camélias
égayaient la vue par leurs brillantes corolles. On ne
trouve pas au Japon la végétation des tropiques, mais il
n'est pas de pays plus gracieux et plus poétique : tout y
est simple, suave, naïf et charmant; c'est une idylle. Le
terrain étant extrêmement accidenté, le paysage change
à chaque pas, et les mille perspectives qui en résultent
se projetant sur la mer, produisent les tableaux les plus
ravissants que l'on puisse imaginer.

Vers le milieu du jour, nous nous arrêtâmes à *Kama-
Koura*, où se trouve un temple d'une certaine impor-

tance..Toutes les pagodes se composent constamment des mêmes éléments, mais la variété de leur disposition et l'arrangement des ornements produisent un effet toujours nouveau.

Dans une des salles du temple de *Kama-Koura,* un cheval sacré daigne se montrer aux humains, et on le traite avec les mêmes honneurs que les bœufs des temples indous. Sa robe blanche et ses yeux roses lui valent la haute position qu'il occupe ; d'ailleurs, il paraît doué d'une très-mauvaise nature et ne cesse de ruer et de hennir furieusement.

Dans le parc voisin, une pierre appelée *Omennko-Sama,* est aussi l'objet d'une grande vénération, parce que le hasard y a sculpté assez grossièrement ce que Vénus cache avec soin.

De toutes les parties du Japon, les femmes stériles viennent en pèlerinage afin de toucher cette pierre sacrée, espérant ainsi obtenir des enfants, et cette pieuse pratique, fortement encouragée par les bonzes, devient la source des richesses du temple du Kama-Koura !

De là, quelques heures de marche conduisent au *Daïbouts,* but de notre excursion. On appelle ainsi une gigantesque statue de Bouddha, dans le ventre de laquelle on a installé un temple. De même que toutes les pagodes japonaises, le Daïbouts est placé dans un des endroits les plus pittoresques que l'on ait pu trouver, et au centre d'un beau parc. On le découvre petit à petit en suivant une longue avenue d'arbres noirs et touffus comme des cyprès.

Cependant la nuit s'abaissait rapidement et nous n'eûmes que le temps de gagner le village de *Fougi-sawa,* où nous espérions trouver quelque gîte. On nous offrit, en effet, l'hospitalité dans une maison de thé, et

l'on nous reçut avec une exquise politesse, mais assez
froidement, ce qui ne prouve pas en faveur des Européens qui nous y avaient précédés. Néanmoins, voyant
que nous n'étions pas ivres, que nous ne nous emparions
pas des femmes malgré elles, que nous ne jurions pas
et restions tranquillement étendus sur nos nattes en dé-
gustant le thé, les mouzoumés s'apprivoisèrent peu à
peu et, mettant de côté toute terreur, s'approchèrent de
nous avec leur gentillesse habituelle. Aussitôt que nous
eûmes bu notre thé, on nous apporta un plateau de
laque couvert de petites coupes de porcelaines, remplies
de mets étranges et paraissant préparés avec un soin et
une propreté extrêmes. Le requin et les poissons vivants
ne nous séduisirent pas, mais il y avait aussi fort heureusement des œufs durs, du riz, des fruits en quantité,
des confitures de toutes les nuances de l'arc-en-ciel, des
leitchis et des racines de jeunes bambous, dont le moëlleux et le goût délicat rappellent les meilleures feuilles
de l'artichaud.

La soirée se termina, selon l'usage, par une entraînante
djonnkina, puis on nous donna la chambre la plus élégante du *tchâ djass*, des oreillers de bois et deux grosses
couvertures de soie ouatées dans lesquelles nous étions
libres de nous entortiller, car, je le répète, les lits sont
complétement inconnus au Japon.

La réception que l'on nous fit à Fougisawa me donne
l'occasion de placer ici quelques observations sur l'attitude des étrangers au Japon et celle des habitants à leur
égard. Je tiens d'autant plus à en parler nettement que
l'on est imbu en Europe de préjugés fort injustes à
ce sujet.

Toutes les fois que nous visitions un endroit peu fré-
quenté par les Européens, nous y étions reçus à bras

ouverts ; les femmes et les jeunes filles s'empre saient autour de nous, s'efforçaient de nous être agréables, nous offrant du thé, des bonbons et nous invitant à nous reposer chez elles ; les hommes nous faisaient de profonds saluts, prenaient soin de nos chevaux et nous rendaient mille services sans rien accepter en retour.

Au contraire, dans les environs de Yocohama, et partout où les Européens sont connus, on nous traitait avec réserve et méfiance lorsqu'on ne nous fermait pas la porte au nez. J'ajouterai que les personnes qui ont eu la bonne fortune de voyager dans les parties les plus reculées du Japon, affirment que l'hospitalité des habitants croît en raison de la distance qui les sépare des ports ouverts aux *todjinnes*, et qu'en aucun pays ils n'ont été traités avec autant de politesse et de prévenance.

Cette remarque peut étonner bien des gens, mais pour peu que l'on ait vécu au Japon et que l'on veuille juger avec impartialité, on se l'explique aisément. En effet, ceux de nos compatriotes qui nous représentent dans ces pays lointains, sont souvent des gens grossiers qui donnent de nous la plus triste idée.

J'en ai vu moi-même se moquant de tout, ne respectant aucun des usages du pays, éclatant de rire dans les temples, prenant les femmes par la taille au milieu des rues, tapant sur les tables, se promenant ivres de tous côtés, vendant du cuivre pour de l'or, volant les gens qui avaient confiance en eux et affectant sans cesse des airs de supériorité blessante.

De plus, ces mêmes todjinnes cherchent à inculquer des idées démocratiques au peuple le plus aristocratique de la terre ; ils veulent changer ses mœurs, sa religion et ses usages, toutes choses qu'il respecte profondément, dont il a le rare bonheur d'être satisfait et qui lui ont réussi pen-

dant des milliers d'années ; comment donc s'étonner de
voir des Japonais, qui se suffisent à eux-mêmes et qui
n'ont besoin de personne, faire tous leurs efforts pour
éloigner de pareils trouble-fête ?

Pour ma part, je le dis hautement, je comprends fort
bien la politique d'exclusion du gouvernement japonais
à l'égard des Européens, et si j'étais à la tête d'une na-
tion laborieuse, industrieuse, active, sobre, intelligente,
respectant l'autorité, respectant la propriété et offrant le
rare exemple d'un peuple content de son sort, comme
celui dont je parle, certes, j'excluerais complétement de
mon territoire ceux qui viendraient y créer de nouveaux
besoins et y bouleverser tous les usages.

Voici d'ailleurs un passage traduit d'un ouvrage japonais où l'on peut voir ce que l'on pense des Européens
au Japon :

« Ces étrangers, à part quelques rares et honorables
exceptions, semblent totalement dépourvus de mansué-
tude, de bienveillance, de politesse, d'égalité d'humeur et
de toutes ces belles qualités qu'on doit considérer comme
les attributs essentiels d'un homme vraiment civilisé.

» Malgré leurs beaux navires, leurs machines merveil-
leuses, leurs armes excellentes, il faut partager l'opinion
des Chinois qui les regardent comme des démons et des
barbares. Depuis le jour néfaste où ils ont foulé le sol
japonais, c'en a été fait du bonheur et de la paix de l'empire. Périls, craintes et souffrances naissent où ils posent
le pied ; tout ce qui a été cher et sacré au Japonais
risque de périr où règne leur désastreuse influence. Dans
leurs propres maisons, les Japonais ne sont plus les maîtres. Les étrangers s'y introduisent suivant leur bon plaisir, touchent à tout ce qui excite leur indiscrète curiosité
et ne prennent point garde aux ennuis que causent leur

présence. Si on les accueille poliment, ils regardent cette manière de les traiter comme une invitation à revenir, et finissent par changer en établissement public la maison d'un paisible citadin. Si on tente de les éconduire, ils se fâchent. Dans les *tchâ djass*, leurs mauvaises façons les rendent encore plus désagréables, et leur présence suffit pour que le séjour en devienne insupportable. En vérité, un Japonais de la plus basse classe a plus de tact et de délicatesse que n'en montre un Européen. »

Un jour, j'eus un entretien à ce sujet avec un Japonais qui avait été à Paris, et il me dit avec vivacité :

— Comment osez-vous critiquer nos mœurs, vous Européens qui avez tant de préjugés, de superstitions et d'usages absurdes !

Vous vous indignez de notre *hara kiri*, mais votre duel est-il plus rationnel ?

Quoi, un homme doux et poli est injurié par un grossier personnage, le voilà obligé de se battre avec lui et de courir à une mort certaine, s'il n'a pas l'habitude des armes.

Lorsqu'une femme trompe son mari, c'est lui qui est déshonoré.

Vous flétrissez du nom de parvenus ceux qui ont su se créer une fortune, et vous admirez ceux qui dépensent follement l'argent dont ils ont hérité.

Vous vous laissez étouffer par la bureaucratie.

Vous craignez d'être treize à table, de renverser le sel, de partir un vendredi, de casser une glace, vous croyez au *jettatores*, consultez des somnambules, ou évoquez des esprits frappeurs ; vous exaltez des charlatans et ne respectez pas les lois. Néanmoins nous ne rions pas de vous ; ne pourriez-vous, de votre côté, avoir un peu plus d'indulgence pour les usages des étrangers ?

Malgré tout ce que je viens de dire, les Japonais éclairés reconnaissent fort bien la supériorité des Européens dans les sciences et surtout dans l'art militaire. Ils achètent des bateaux à vapeur américains qu'ils conduisent sans le secours d'ingénieurs étrangers ; ils construisent des fortifications suivant la méthode moderne, adoptent l'armement européen, et se procurent des canons rayés du dernier modèle. Peut-être d'ici peu auront-ils des chemins de fer et des télégraphes électriques. En somme, ils sont les premiers parmi les peuples de l'Asie qui aient marché dans cette voie de progrès. On doit, ce me semble, les féliciter d'avoir su distinguer ce qu'il y avait d'utile dans notre civilisation, et l'on ne doit pas s'étonner qu'ils rejettent des usages qu'ils trouvent inférieurs aux leurs.

Après avoir passé la nuit tant bien que mal à *Fugisawa*, nous partîmes de grand matin, car nous tenions à être de retour à Yokohama avant le coucher du soleil.

On nous avait expressément recommandé de revenir par le *Tokaïdo*, une des curiosités du Japon, ce qui d'ailleurs ne devait pas nous détourner beaucoup de notre chemin ; aussi, ne cessions-nous de rappeler à notre *bétto* qu'il fallait nous conduire dans cette direction. Or, après quelques heures de marche, un grand village apparut à l'horizon. « Est-ce le Tokaïdo ? » demandons-nous de suite au bétto, en allongeant la main de ce côté, puis, sur sa réponse affirmative, nous continuons notre route, le cœur léger.

Arrivés au susdit village, qui, par parenthèse, n'avait rien de bien particulier, nous reprenons :

— C'est bien ici le Tokaïdo ?

— Non, maître, c'est là-bas, répond le *bétto*, en montrant le prolongement du chemin.

19

Une heure après, nouveau village dans le lointain, pagode qui brille au soleil, etc.

— Cette fois dis-je, est-ce le Tokaïdo ?

— Oui, oui ! le voilà, affirme-t-il avec un accent de profonde conviction; mais lorsque enfin nous y arrivons :

— Ça pas Tokaïdo, Tokaïdo là. et il montre l'endroit d'où nous venons. Furieux, nous l'agonisons d'injures choisies, en y ajoutant *baka*, ce qui les résume toutes.

— Comment, triple sot ! nous y étions et tu ne nous le disais pas.

Mais il répond en courbant la tête :

— *Dana*, Tokaïdo est devant nous aussi !

Partout il répétait que ce que nous tenions tant à voir était à la fois devant et derrière nous, tout en donnant un nom différent à chacun des villages que nous traversions. Nous continuâmes donc notre excursion en renonçant à visiter cet endroit merveilleux et introuvable, certains que notre pauvre *bétto* était absolument idiot.

Ce ne fut qu'à Yokohama que l'on nous expliqua cette énigme. Le Tokaïdo n'est autre que la grande route impériale qui traverse le Japon dans toute sa longueur du nord au sud en passant par Yeddo ; elle est admirablement entretenue, garnie d'arbres magnifiques et de fleurs charmantes, de sorte que le voyage, toujours varié, n'y est jamais monotone.

Notre pauvre bétto avait donc raison en nous montrant constamment le *Tokaïdo* dans la direction que nous suivions sans qu'il fût possible d'y arriver jamais.

Quelques jours avant mon départ, Madame de La Tour, avec laquelle j'avais eu plusieurs fois le plaisir de faire de la musique, me demanda de la gratifier d'une *râclerie* à un concert qu'elle voulait organiser en faveur de l'hôpital de marine nouvellement fondé à Yokohama.

La colonie allemande avait justement fait construire une salle de concert pouvant tenir deux cent cinquante personnes, et il s'agissait de l'inaugurer dignement. Je ne crus pas pouvoir refuser cette offre, bien que mon faible talent ne fût pas à la hauteur de la circonstance, et j'acceptai un peu légèrement. Madame de La Tour plaça immédiatement parmi ses amis deux cent cinquante billets à cinq piastres, ce qui produisit net 6,750 fr! et le moment du concert, j'ai presque envie de dire de l'*exécution*, arriva bientôt. J'avoue que j'étais fort inquiet, n'ayant pas eu le temps de travailler beaucoup mon violon en voyage, et il m'eût été très-pénible de faire manquer un pareil concert. Cependant, lorsque je me trouvai sur l'échafaud, je veux dire sur l'estrade, j'eus le plaisir de constater que la rampe m'isolait complètement du public; il me semblait que j'étais absolument seul, et cela me permit de jouer le concerto de Rode assez correctement, si j'en crois les témoignages indulgents qui me furent prodigués. Madame de La Tour et Madame de Lapeyrouse, femme du consul de France, jouèrent du piano à ravir, M. Lehmann tenait l'orgue ; enfin, ce fut une fête complète, et, pour ma part, je suis très-heureux d'avoir signalé mon passage au Japon en contribuant utilement à une bonne œuvre, ce dont je ne me croyais guère capable.

CHAPITRE XX

Le 30 avril, après cinq semaines passées au Japon, nous nous embarquâmes à bord du *China*, bâtiment du *Pacific Steam Ship Company*, en partance pour San-Francisco. Le départ se fit au milieu de la nuit, à la lueur sinistre d'un incendie qui dévorait un village voisin de Yokohama et semblait embraser la moitié du ciel.

Les paquebots américains qui font le service entre Hong-Kong, Yokohama et San-Francisco, sont de magnifiques bâtiments admirablement aménagés. Leur longueur de trois cent quatre-vingts pieds, leur permet d'enjamber trois vagues, de sorte qu'il faut une mer très-agitée pour provoquer un peu de tangage. Les cabines sont larges et très-confortables, la salle à manger immense, bien aérée, décorée de belles peintures et tout à fait distincte des autres salons. Il y a un boudoir réservé aux dames, un fumoir et un salon commun meublé avec le plus grand luxe, orné d'une bibliothèque, d'un piano à queue et de tout ce que l'on peut désirer.

Cependant, les rares voyageurs que l'on embarque sont loin de permettre à la Compagnie de faire ses frais ; ce sont les coolis chinois que l'on transporte à San-Francisco pour y travailler dans les mines qui produisent la plus grosse partie de la recette. On ne prend pas même, en effet, moins de douze à quinze cents Chinois à chaque voyage ; on les met dans des dortoirs qui remplissent les entreponts des navires, on leur donne du riz et ils servent eux-mêmes d'hypothèque pour le prix de leurs places.

La traversée du Japon en Californie est d'environ vingt et un jours, lorsque les vents ne sont pas trop contraires, mais on va presque deux fois plus vite dans les derniers jours que dans les premiers, tant l'énorme quantité de charbon dont on est obligé de faire provision, entrave la rapidité de la marche, lorsqu'elle est encore presque intacte.

Nous passions toutes nos journées à faire la lecture pour tâcher d'abréger la monotonie de notre traversée, car trois semaines de mer sans jamais voir terre font l'effet d'un siècle dans le purgatoire.

Plusieurs passagers imaginèrent de faire un journal qui paraissait tous les deux jours, et dans lequel chacun faisait un article extra-fantaisiste sur le voyage, la température, les poissons volants, les nouvelles apportées par les dauphins, les sérieuses inquiétudes que répandait dans le public la figure sombre du capitaine, et mille balivernes de ce genre.

L'événement le plus curieux de la traversée fut ce qui

nous arriva le lundi, 11 mai; peut-être cela semblera-t-il une plaisanterie aux personnes qui n'ont pas des idées' très-nettes en cosmographie, mais celles qui connaissent cette science le trouveront tout naturel : Nous avons eu *deux lundis* 11 *mai* de suite, et en ne comptant pas de la sorte, à notre arrivée à San-Francisco le mercredi 20, le registre du bord aurait indiqué jeudi 21. Voici à quoi cela tient.

Lorsqu'on marche d'occident en orient, on gagne chaque jour un certain nombre de degrés de longitude.· Or, comme le soleil parcourt quinze degrés par heure, il en résulte que si l'on fait, par exemple, cinq degrés par jour, le soleil passera au méridien vingt minutes plus tôt que la veille, et par suite, les journées ne seront chacune que de vingt-trois heures quarante minutes. Autant on aura parcouru de fois quinze degrés, autant on aura gagné d'heure; il en résulte qu'en atteignant le cent quatre-vingtième degré, on sera en avance de douze heures, et que, dans l'espèce, le lundi 11 mai à midi correspondrait au dimanche 10 à minuit de Paris. Il est facile de comprendre, d'après cela, que si l'on fait le tour du monde à raison de cinq degrés par jour, il faudra soixante-douze jours de vingt-trois heures quarante minutes, pendant lesquels ceux qui n'auront pas quitté le point de départ en auront eu soixante-onze de vingt-quatre heures; les voyageurs auront donc eu un jour de trop, et il en faudra doubler un autre pour rétablir l'équilibre des dates. Si, au contraire, on va d'orient en occident, les journées seront plus longues, on en perdra une, et il faudra passer un jour au cent quatre-vingtième degré.

Le journal du bord fut donc deux fois intitulé *lundi* 11 *mai*, et nous arrivâmes dans la magnifique baie de

San-Francisco le 20, après une traversée de vingt-et-un jours.

San-Francisco est une ville fort riche et qui s'agrandit tous les jours ; on y voit des maisons, des hôtels et des palais qui rappellent ceux de Londres. Plusieurs rues pourraient même par le luxe de leurs magasins rivaliser avec Piccadilly ou Regent-street, mais c'est surtout une ville d'affaires, et je ne la crois pas encore très-agréable à habiter.

Une chose assez curieuse est la banque centrale ; des séries de tables y sont disposées dans une salle de la grandeur d'une gare du chemin de fer, et la plupart d'entre elles m'ont paru littéralement couvertes de piles d'or. J'avoue qu'étant peu habitué à ce genre de spectacle, j'en ai été absolument stupéfait.

D'ailleurs, c'est là que se font tous les payements, les banquiers ne gardant pas d'argent chez eux et s'acquittant par des *checks* sur cette banque.

En revanche, la vie m'a paru d'une cherté exorbitante. Un cuisinier se paye cinq cents francs par mois, un domestique trois cent cinquante francs, un manœuvre ne se trouve pas à moins de dix ou quinze francs par jour et un ouvrier habile peut gagner de vingt à cinquante francs dans sa journée.

A l'hôtel cosmopolitain, où nous étions descendus, la carte des vins mériterait une réimpression exacte, elle est chiffrée en dollars et l'on n'y voit que les nombres quinze, douze, dix et huit.

En cherchant bien, on découvre quelques vins ordinaires à six et même trois dollars ; enfin, à force d'investigations, on finit par dénicher, tout à l'extrémité de la liste, un misérable petit chablis à deux dollars, qui se cache honteusement. On ne le demande que timide-

ment au garçon, qui vous toise avec un profond dédain
et ne l'apporte qu'après votre dîner.

En somme, je crois qu'à San-Francisco, avec cent mille
francs de rente on aurait bien de la peine à suffire aux
besoins de la famille la plus modeste.

Après trois jours de repos, nous songeâmes à nous remettre en route. Or, trois chemins s'offraient à nous :
l'un par l'isthme de Panama et les Antilles, l'autre par le
Mexique et le dernier par l'intérieur des États-Unis.
Comme on venait justement d'inaugurer le *great pacific
rail road*, qui relie San-Francisco à New-York, nous ré-
solûmes d'en profiter, pensant qu'un pareil voyage à travers tout le continent américain ne pouvait manquer
d'être intéressant. En conséquence, nous prîmes, le
22 mai, un bateau à vapeur, qui devait nous conduire à
Sacramento, où était encore la tête de ligne, et, en sept
ou huit heures de marche à travers le golfe et la rivière
de Sacramento, nous atteignîmes le grand village qui
porte ce nom pompeux.

Un empressé nous conduisit immédiatement au meilleur hôtel de l'endroit, lequel ne nous parut guère ras-
surant pour la suite de notre voyage. A peine assis à
table, des hommes en blouses, d'une saleté repoussante,
s'installèrent à côté de nous, et payèrent sans barguigner
un dollar et demi chacun pour leur déjeuner, qui se com-
posait de jambon, de beurre et de café au lait servi dans
des jattes à chien.

Une heure après, nous partions en chemin de fer,
comptant nous arrêter au premier endroit qui nous pa-
raîtrait en valoir la peine.

La Californie nous a paru superbe, et ses magnifiques
pâturages doivent permettre aux fermiers d'y faire une
fortune non moins rapide que celle des mineurs.

Le passage de la *Sierra-Nevada* est extrêmement pittoresque. Toute cette partie des montagnes rocheuses est couverte de neiges éternelles, et le soleil y produit des effets de lumière fantastique ; malheureusement, on ne peut guère en jouir, car, sans compter un grand nombre de tunnels, on a été obligé de garnir presque toute la voie de hangars, destinés à empêcher la neige de s'amonceler sur les rails, et sous lesquels les trains passent constamment.

Arrivés dans l'Utah, il nous vint l'idée d'aller visiter les Mormons, et nous nous arrêtâmes à *Ogden*, où se trouvent les diligences qui conduisent à *Salt-Lake city*. Il était quatre heures du matin, la nuit encore profonde, la gare sans lumière et absolument dépourvue de porteurs, car, aux Etats-Unis, chacun doit se tirer d'affaire lui-même. Nous voilà donc portant nos effets et trimballant nos caisses, mais tandis que nous mettons nos malles en sûreté, ma valise disparaît. Qu'on juge de mon désespoir quand on apprendra qu'elle contenait l'histoire complète de mon voyage qu'il m'a fallu recommencer entièrement, deux mille francs en superbes pièces de vingt dollars que j'avais rapportées de Californie, ma lettre de crédit et mille choses dont je me servais journellement ! Je réclame partout, personne ne s'inquiète de moi. Je vais trouver le chef du bureau où j'avais laissé cette valise une demi-minute, je lui expose le fait, il répond que cela ne le regarde pas ! Je le presse davantage et ne trouve qu'une statue de bois impassible.

— Monsieur, je vous supplie de m'aider un peu.

— Que voulez-vous ?

— Cette valise était devant vous, ne l'avez-vous vu prendre par personne ?

— Non.

— Une voiture serait-elle déjà partie ?

— Je ne sais pas.

— Ne pourriez-vous venir avec moi prendre des informations dans la gare ?

— Je ne suis pas là pour cela.

Voyant qu'il ne me restait qu'à remercier cet employé de son amabilité, j'interrogeai un facteur de la compagnie des diligences, qui me dit qu'il croyait avoir vu mettre une valise dans le fourgon de la voiture avec les autres bagages. Je demande à la voir — impossible, la bâche est ficelée. Je pars donc pour *Salt-Lake city*, en proie aux plus amères réflexions, mais conservant encore quelque espoir.

Nous traversons d'interminables plaines sur un chemin invraisemblable. Notre cocher, remarquablement adroit, rase des ornières de quatre pieds de profondeur sans jamais y tomber, nous nageons dans des fondrières, escaladons des fossés pleins d'eau avec un incroyable bonheur, nous attendant à verser à chaque instant; les fenêtres ont été baissées afin de diminuer le danger, et chacun étudie d'avance la position qu'il prendra en cas d'accident. Tout à coup, nous sentons le vide au-dessous de nous, la voiture s'incline et la culbute se fait aux cris d'épouvante de toutes les femmes. Nous étions neuf entassés dans notre compartiment, et, comme la chute s'est faite du côté opposé à celui où j'étais, rien ne m'eût été plus facile que de me laisser doucement tomber sur le tas de corps moëlleux qui gigotaient au-dessous de moi (j'en connais même qui à ma place auraient mis le temps plus à profit); toutefois, par grandeur d'âme, je me suspendis à une courroie et, me cramponant de mon mieux, je parvins à sortir par la fenêtre. Plusieurs personnes furent contusionnées, des robes déchirées, des montres cassées,

mais fort heureusement, il n'y eut rien de grave à dé-
plorer.

Six heures de cette marche titubante nous conduisirent
sur les bords du Lac salé, auprès duquel se trouve la fameuse cité des Saints, où, bien entendu, je ne retrouvai
pas ma valise.

L'endroit qu'ont choisi les Mormons pour y établir leur
capitale est un des plus gracieux que l'on puisse voir. La
ville de *Salt-Lake* renferme environ vingt-cinq mille
habitants, et est située sur le versant d'une colline ;
elle est vaste, aérée, gracieuse, proprette, gentille et
ornée de mille petits torrents d'eau limpide qui traversent les rues en bouillonnant.

Chacun y paraît heureux, chacun s'y entr'aide, aussi
n'y voit-on jamais de pauvres.

Je suis entré dans une foule de boutiques, jai causé
avec des gens de toutes les classes de la société. « Nous
sommes parfaitement heureux, me répondait-on invariablement, c'est ici le véritable paradis terrestre. » Disaient-ils vrai ? ce n'est pas à moi de le décider.

Chez les Mormons, les femmes des conditions les plus
diverses travaillent également et sont fières de se rendre
ainsi utiles à leurs ménages.

A la vérité, la polygamio règne parmi eux, mais, en
cela comme en plusieurs autres choses, ils se rapprochent des premiers Israélites.

Au point de vue économique, cette institution est fort
avantageuse, car tout le monde y gagne. Ainsi, par
exemple, un aubergiste a chez lui trois servantes, en les
épousant, il n'a plus besoin de leur payer de gages, et
celles-ci sont rehaussées aux yeux de tous par leur dignité d'épouses du maître de la maison. Ce qu'elles faisaient pour un salaire et comme domestiques, elles le font

désormais par amour, par dévouement, et par l'effet de leur seule volonté ; aussi est-il curieux de voir l'attitude fière de celles qui remplissent les plus humbles fonctions.

Il ne faut pas croire que les Mormones soient de mœurs faciles, ce serait se tromper étrangement ; elles peuvent, à la vérité, changer de maris, lorsque après un temps honnête, l'expérience n'a pas été satisfaisante, mais il faut pour cela une permission spéciale du grand-prêtre, et l'adultère tel qu'on le pratique en Europe y paraît extrêmement rare. A en croire les Mormons, il n'y en aurait même pas d'exemple, et la peine de mort serait infailliblement le châtiment réservé aux coupables, s'ils venaient à être connus.

On remarque près du temple de *Salt-Lake city*, un monument ovoïde ressemblant au dehors à un immense pudding, c'est le tabernacle, ou lieu des prédications. La voûte du toit se soutient sans une seule colonne, au moyen d'arcades concentriques. On nous a assuré que cette grande salle pouvait contenir seize mille personnes assises ; ce chiffre me parut d'abord fabuleux, mais une série de multiplications me permit de constater qu'il n'avait rien d'exagéré.

En somme, ce que j'ai vu des Mormons m'a laissé une impression favorable ; mais je ne prétends pas pour cela les soutenir contre ceux qui les connaissent mieux que moi et blâment sévèrement leurs mœurs.

Cependant, je pleurais toujours la perte de ma valise, aussi ne pus-je tenir longtemps à *Salt-Lake city*, et, après un séjour de quarante-huit heures, nous retournâmes à Ogden, espérant y trouver quelques renseignements. Nous reprîmes donc la diligence, et, la pluie aidant, il nous fallut cette fois huit heures de marche, ou plutôt de transes ;

pour arriver à la station. Rien. On nous engage alors à prendre des informations dans le village voisin. Nous y courons dans un affreux cabriolet, traversons de véritables lacs, où nous sommes à demi-submergés, et nous arrivons enfin mouillés, transis, enrhumés et dans le plus piteux état. De braves gens nous offrent l'hospitalité, des places au coin du feu, des poignées de main et une omelette, mais ce fut tout ce que je pus obtenir en fait d'indications. Dès-lors, je vis qu'il fallait y renoncer, et j'en pris définitivement mon parti.

D'ailleurs, sans être absolument fataliste comme les Orientaux, je suis intimement convaincu qu'il y a un peu de fatalité dans les choses de la vie, de même qu'il y en a évidemment dans la mort. Chacun de nous est astreint à une certaine quantité de maladies et de souffrances, et s'il lui arrive parfois d'échapper à l'une d'elles, il ne peut jamais empêcher leur somme de rester la même.

On évite telle mort, mais on n'évite pas la mort. Il en est de même du reste. Aussi, lorsqu'il m'arrive un malheur, je me persuade que c'était mon tour d'en éprouver un, que si je l'avais évité je subirais l'équivalent, et cette idée me console. Dans le cas présent, je crois que si je n'avais pas été volé, je me serais cassé un bras quand la diligence a versé, j'aurais attrapé la petite-vérole ou appris une mauvaise nouvelle; bref, c'était mon tour d'avoir quelque désagrément vers cette époque.

Le lecteur me pardonnera, je l'espère, cette digression, plus ou moins philosophique, sur la fatalité dans ses rapports avec ma valise, s'il veut bien se souvenir qu'elle contenait mon manuscrit et s'il juge froidement des efforts extravagants de mémoire qu'il m'a fallu faire pour le recommencer.

Nous retournâmes donc à la station où l'on nous dit

que le premier train ne passerait que le lendemain à sept heures du matin.

— Mais, dis-je, y a-t-il ici une auberge ?

— Oui, certainement.

— Où donc ?

— Là, me dit-on, en me montrant un hangar de bois, encore inachevé.

Des planches étaient disposées en manière de sofas le long des murs, et c'est là qu'il nous fallut passer la nuit enveloppés dans nos couvertures de voyage. Une trentaine d'ouvriers se couchèrent pêle-mêle autour de nous, et l'on ferma la porte à double tour, de crainte que quelqu'un ne s'avisât de sortir sans payer.

N'ayant moi-même qu'une demi-confiance dans les gens qui nous entouraient, je mis ma montre et ce qui me restait d'argent sous ma tête, en guise d'oreiller ; puis, malgré la dureté de mon lit, je m'endormis du sommeil du juste, tant j'étais exténué de fatigue.

Malheureusement, la pluie se mit de la partie, l'eau perça le toit et forma sur nos planches des rigoles qui nous inondèrent complétement : force nous fut de fabriquer au-dessus de nos têtes une petite tente avec nos parapluies.

Le train annoncé pour sept heures arriva à trois heures du matin et personne ne nous en aurait prévenu, si mon beau-frère n'avait eu l'esprit d'aller s'en informer entre deux cauchemars.

En quittant ce lieu de délices, on eut le front de nous réclamer à chacun un dollar et demi pour la nuit ! Mais ce qui nous a étonnés le plus, ce fut de voir les voyous en guenilles que nous avions eu pour camarades de chambrée payer cette somme sans discussion.

Il est difficile de se faire une idée des gens avec lesquels on voyage dans tout le *far west*.

Revêtus de peau de daim qu'ils ne quittent jamais, ni jour ni nuit, d'une saleté repoussante, les cheveux et la barbe rouges et hérissés, le *bowie-knife* a le revolver à la ceinture, ils ressemblent à d'épouvantables bêtes féroces. Les Indiens de l'Amérique du Sud sont d'élégants *gentlemen* comparativement à ces monstres. J'ai fait environ soixante mille lieues dans toutes les parties du monde, nulle part je n'ai vu des hommes méritant mieux le nom de sauvages. Ces exécrables brutes parlent haut, crachent partout, et posent les pieds sur vos épaules.

A chaque instant, des querelles s'élèvent entre eux et ils mettent sans cesse la main sur leurs armes. On craint de les toucher de peur qu'ils ne mordent. Tout en parlant ils tirent des coups de revolver de droite et de gauche pour se faire la main. A table, si l'on apporte une bouteille, il ne faut pas s'étonner d'entendre une balle siffler à ses oreilles : c'est leur manière d'enlever le bouchon.

Si l'on demande la cause d'un attroupement, ils répondent : « Oh ce n'est rien, c'est un homme que l'on vient de tuer ! »

Bref, leur société est aussi ignoble que malsaine.

Tous ces individus voyagent en première classe, et lorsqu'on arrive à une station qui renferme un buffet, ils se précipitent tous hors des wagons avant que le train soit arrêté, sautent par les portes et par les fenêtres, courent et s'emparent des places à la force du poignet. Ainsi, dans cette course au clocher, je veux dire à l'abreuvoir, nous arrivions toujours trop tard comme les carabiniers d'Offenbach ; plus de table, plus de siége, aussi étions-nous souvent forcés de rester debout, sans pouvoir nous faire servir la moindre chose, ce qui n'empêchait pas le maître d'hôtel de nous réclamer ses deux dollars à la sortie !

Ces *roughs* (roffs) se sont avisés plusieurs fois de séparer les derniers wagons d'un train pendant la nuit, et au milieu de quelque désert, afin de pouvoir librement y violer les femmes et dévaliser les voyageurs, tandis que le reste du convoi continuait sa marche. Dans les deux cas, je n'avais pour ma part, rien à craindre ; néanmoins je crois que nous devons nous estimer heureux d'avoir fait sains et saufs ce voyage du *far west* le plus dangereux que nous ayons jamais accompli.

Quant aux Indiens, il n'en est pas question ; ils se sont retirés dans les montagnes rocheuses d'où ils ne sortent presque jamais. Habillés à l'européenne, ils ne sont reconnaissables qu'à leurs joues rouges et à leurs longs cheveux noirs plaqués sur les tempes.

En somme, on voit que le voyage du centre de l'Amérique du Nord est totalement dépourvu d'intérêt. Je parle ici du trajet que l'on fait en chemin de fer de Sacramento à Omaha, endroit où commencent réellement les États-Unis.

Arrivés à Omaha, de grandes difficultés se présentèrent pour nous, car les bagages avaient été enregistrés seulement pour cet endroit et, pour avoir les miens, il aurait fallu présenter le bulletin qui se trouvait dans ma fameuse valise ! Nous dûmes expliquer l'affaire d'Ogden à des gens qui nous prenaient nous-mêmes pour des voleurs, et détailler tous les objets que contenaient mes malles pour qu'on me les rendit. Pendant ce temps, l'omnibus chargé de conduire les voyageurs de l'autre côté du Mississipi s'en alla et nous restâmes là, à la discrétion ou plutôt à l'*indiscrétion* d'un cocher de berline qui nous demanda soixante-quinze francs pour un trajet de vingt minutes!! Il fallut bien en passer par là sous peine de rester jusqu'au lendemain à la belle étoile.

D'Omaha jusqu'à New-York le pays devient charmant, le terrain est accidenté et bien cultivé, les habitants, grâce à leur politesse, vous font oublier les roughs de l'Ouest; enfin, les usines, les fermes et les maisons de campagne que l'on rencontre de toutes parts révèlent au premier coup d'œil, le pays riche et prodigieusement industrieux que tout le monde connaît et admire.

A partir d'Omaha, on voyage dans des wagons-lits aussi splendides que confortables, et dont on n'a encore aucune idée en Europe. On les appelle *palace sleeping cars*, et ce nom, bien que pompeux, n'est pas trop exagéré. Ces wagons de la longueur de deux et demi des nôtres, se transforment la nuit en vastes dortoirs; chaque voyageur y jouit d'une alcôve, d'un véritable lit très-large, avec draps, couvertures, oreillers, etc., le tout beaucoup mieux installé que dans les meilleurs bateaux à vapeur. A chaque extrémité des wagons se trouvent des poêles et des cabinets de toilette tenus avec la plus grande propreté ; des domestiques en habit et cravate blanche se tiennent à la disposition de chacun et de petits cadres sont disposés aux chevets de chaque lit, afin que l'on puisse y glisser ses billets; de la sorte l'inspecteur ne réveille personne en faisant son service. Pendant le jour, ces lits se redressent et les peintures qui sont au-dessous contribuent à la décoration des salons. Il n'y a pas de dorure, mais toutes les boiseries sont sculptées à jour et les parties métalliques doublées d'argent. On dirait de magnifiques salles à manger Louis XIII.

La suite de notre voyage fut donc capitonnée de roses et nous arrivâmes rapidement à Chicago. Nous descendîmes dans un splendide hôtel, ce qui nous permit de nous reposer une journée; mais, par malheur, c'était *Sunday*, les hommes étaient dans les tavernes, les magasins fermés, et nous ne pûmes apprécier cette belle ville comme elle le méritait.

Trente-six heures après, nous étions à New-York; on voit donc qu'il nous a fallu en tout près de sept jours de marche pour nous rendre de San-Francisco à New-York; mais je crois que l'on fera bientôt ce trajet en cinq jours, et que les fameux *palace sleeping cars* iront d'un bout à l'autre de la ligne, ce qui diminuera singulièrement les fatigues du voyage. J'ai même entendu parler de restaurants que l'on devait organiser dans chaque train express. Aux États-Unis tout le monde voyage princièrement!

Bien que nous ayons visité plusieurs fois New-York, cette troisième capitale de l'univers, nous fûmes heureux d'y prendre quelque repos et de revoir ses splendeurs : le riche Broodway, l'illustre cinquième avenue et le fantastique *central park*. Cette ravissante promenade n'offre que le tiers de la superficie du bois de Boulogne, d'après les mesures de M. Alphand, mais rien n'égale la variété de ses points de vue et les allées sont disposées avec tant d'art, qu'elle paraît immense. On parcourt les points les plus voisins sans s'en douter, et l'on ne distingue jamais ses limites. Comme dans un parc chinois, l'œil est constamment étonné par les perspectives les plus pittoresques : ce sont des bosquets fleuris, des pièces d'eau, des rivières, des ponts, des terrasses ornées de statues, des prairies, de petits bois, et tout ce que l'imagination peut concevoir de plus gracieux.

Cependant, il nous tardait de revenir à Paris et d'y revoir notre famille et nos amis, dont nous avions été séparés depuis si longtemps; c'est pourquoi, ne voulant

pas attendre une semaine le départ d'un bateau trans-
atlantique français, nous prîmes, le 3 juin, un paquebot
du *Lloyd* allemand, malgré la traversée pénible à laquelle
cela nous exposait. Nous y trouvâmes beaucoup de malpropreté, des cancrelats et des fourmis innombrables,
mais, contre notre attente, la nourriture y était excellente, et les provisions que nous avions cru devoir emporter nous furent tout à fait inutiles. Toutefois, la
machine était menée prudemment, et il nous fallut douze
mortels jours pour arriver à Southampton.

Là, on nous déclare qu'il n'y aura de bateau pour la
France que trois jours après, et nous calculons que le
plus court est de passer par Londres. Nous prenons
donc l'express, repartons le soir même pour Douvres, et
en deux heures de mer, les plus désagréables de tout
notre voyage, nous arrivons à Calais et traversons à
grande vitesse une contrée toute nouvelle pour nous.
Dans ce singulier pays tout le monde parle français. On
y voit d'étranges choses et de bien bizarres costumes ;
mais c'est le pays du cœur et de l'esprit, c'est celui de la
charité, de l'amitié et du dévouement ; c'est la France.

FIN